U0382854

孤立子系统的可积形变及应用

姚玉芹　李春霞　林润亮　黄晔辉　曾云波　著

科学出版社

北 京

内 容 简 介

本书基于高阶约束流、Hamilton 结构及 Sato 理论提出了构造孤立子系统的 Rosochatius 形变、Kupershmidt 形变、带源形变及扩展的高维可积系统的一般方法,并以光纤通信及流体力学中的重要模型,如超短脉冲方程、Hirota 方程、Camassa-Holm 型方程及 q-形变的 KP 方程等为例详细阐述了我们提出的方法. 进而推广达布变换及穿衣法求解可积形变的孤子方程. 由于可积形变的方程中增加了非线性项,所以相应方程的解具有更加丰富的特性和应用.

本书可供光学、数学、物理、力学等专业高年级大学生、研究生和教师阅读,也可供从事非线性科学、信息工程等专业的科技人员参考.

图书在版编目(CIP)数据

孤立子系统的可积形变及应用/姚玉芹等著. —北京:科学出版社,2023.7
ISBN 978-7-03-074960-4

Ⅰ.①孤… Ⅱ.①姚… Ⅲ.①非线性方程–求解–方法研究 Ⅳ.①O175

中国国家版本馆 CIP 数据核字(2023)第 034346 号

责任编辑:阚 瑞 / 责任校对:胡小洁
责任印制:吴兆东 / 封面设计:迷底书装

科学出版社 出版
北京东黄城根北街 16 号
邮政编码:100717
http://www.sciencep.com

北京建宏印刷有限公司 印刷
科学出版社发行 各地新华书店经销
*
2023 年 7 月第 一 版 开本:720×1000 1/16
2023 年 7 月第一次印刷 印张:9 1/2
字数:192 000
定价:98.00 元
(如有印装质量问题,我社负责调换)

前　　言

孤立子方程的可积形变一直是可积系统理论领域的一个重要研究方向. 早在 1877 年, Rosochatius 发现当可积 Neumann 系统的势函数中增加坐标平方的倒数项之和时, 可积性不受破坏, 这个形变的系统被称为 Neumann-Rosochatius 系统. 之后, 国内外陆续有相关的研究成果问世. 2018 年, Kalkani 等对六阶非线性波方程做 Painlevé 可积性分析时, 发现一个新的可积方程, 称之为 KdV6 方程. 同年, Kupershmidt 将 KdV6 方程描述为一个双 Hamilton 结构的非完整扰动, 称之为 Kupershmidt 形变, 并对一般的可积双 Hamilton 系统, 给出了 Kupershmidt 形变的一般构造, 并提出双 Hamilton 系统的 Kupershmidt 形变是可积的猜测, 但未能给出证明. 至此, 孤立子系统的可积形变再次成为研究的热点.

在此背景下, 作者团队自 2008 年开始研究孤立子系统的可积形变的构造和求解. 本书是基于这些研究工作的梳理, 系统地介绍了各类可积形变系统的构造、性质、孤子及应用. 由于可积形变方程的解和色散关系中含有任意函数, 可以更好地调整色散关系与非线性项的影响, 及多孤子相互作用的相位差. 这些都是影响光孤子通信的重要因素, 希望我们的研究成果能为光纤通信实验提供指导.

全书共 8 章, 第 1 章简述了可积形变系统及孤子、光孤子的概念、形成及发展. 第 2 章简要介绍了本书所需要的基础知识. 第 3~5 章系统介绍了构造孤立子方程的 Rosochatius 形变和 Kupershmidt 形变的方法, 并构造了 Rosochatius 形变的带自相容源的 KdV 方程的新解. 第 6 章讨论了连续及离散的扩展的 (2 + 1) 维可积方程族的构造、约化及求解. 第 7 章介绍了带源形变的短脉冲方程、sine-Gordon 方程及 Camassa-Holm 型方程的构造、可积性及孤子解. 第 8 章简单介绍了光孤子通信的原理及影响因素, 并分析了将可积形变的孤子方程的解应用到光孤子通信中的优势.

本书的出版得到了国家自然科学基金 (编号: 12171475) 的资助, 借此机会向国家自然科学基金委给予的资助表示衷心的感谢.

限于作者的水平与学识, 书中难免有不妥和疏漏之处, 恳请各位同行与专家批评指正.

作　者

2022 年 9 月

目　　录

前言

第 1 章　绪论 ·· 1
　1.1　可积形变系统概述 ································· 1
　1.2　孤子简述 ·· 3
　　1.2.1　孤子的产生及性质 ························· 3
　　1.2.2　光孤子的形成与发展 ····················· 4
第 2 章　基础知识 ··· 5
　2.1　达布变换简介 ······································ 5
　2.2　Sato 理论简介 ····································· 6
　　2.2.1　拟微分算子环 ······························· 6
　　2.2.2　Lax 表示和相容性 ························ 8
　　2.2.3　穿衣法 ··· 10
第 3 章　带源形变的孤子方程族的 Rosochatius 形变 ········· 13
　3.1　高阶约束流及带源形变的孤子方程 ········· 13
　3.2　带源形变 KdV 方程族的 Rosochatius 形变 ········· 15
　3.3　带源形变 AKNS 方程族的 Rosochatius 形变 ········· 21
　3.4　带源形变 mKdV 方程族的 Rosochatius 形变 ········· 25
第 4 章　KdV6 方程的双 Hamilton 结构及新解 ·········· 30
　4.1　KdV6 方程与 Rosochatius 形变的带源形变 KdV 方程的等价性 ···· 30
　4.2　KdV6 方程的双 Hamilton 结构 ················· 32
　4.3　KdV6 方程的解 ··································· 36
　　4.3.1　孤子解 ·· 36
　　4.3.2　一阶及二阶 positon 解 ··················· 38
　　4.3.3　一阶及二阶 negaton 解 ················· 40
第 5 章　推广的 Kupershmidt 形变 ··················· 43
　5.1　推广的 Kupershmidt 形变的 KdV 方程族 ········· 44
　5.2　推广的 Kupershmidt 形变的 Camassa-Holm 方程 ········· 45
　5.3　推广的 Kupershmidt 形变 Boussinesq 方程 ········· 47
　5.4　推广的 Kupershmidt 形变的 JM 方程族及双 Hamiltonian 结构 ···· 48

　　　5.4.1　推广的 Kupershmidt 形变的 JM 方程族 · 48

　　　5.4.2　推广的 Kupershmidt 形变的 JM 方程族的双 Hamilton 结构 · · · · · · · · 50

第 6 章　扩展的 (2+1)-维孤子方程族的构造与求解 · 54

　6.1　扩展的 q-形变的 KP 方程族及广义的穿衣法 · · · · · · · · · · · · · · · · · · 54

　　　6.1.1　n-约化 · 61

　　　6.1.2　k-约化 · 63

　　　6.1.3　广义穿衣法 · 65

　6.2　扩展的 q-形变的修正 KP 方程族和推广的穿衣法 · · · · · · · · · · · · 71

　　　6.2.1　扩展的 q-形变的修正 KP 方程族 · · · · · · · · · · · · · · · · · 71

　　　6.2.2　规范变换 · 74

　　　6.2.3　扩展的 q-形变的 KP 族和修正 KP 族的解 · · · · · · · · · · · · 77

　6.3　新的扩展的离散 KP 方程族 · 79

　　　6.3.1　约化 · 82

　　　6.3.2　推广的穿衣法及 N-孤子解 · 84

第 7 章　短脉冲方程及 Camassa-Holm 型方程的带源形变与求解 · · · · · · · · 90

　7.1　超短脉冲方程的带源形变及解 · 90

　　　7.1.1　带源形变的超短脉冲方程 · 90

　　　7.1.2　新的带源形变的 sine-Gordon 方程 · · · · · · · · · · · · · · · · · 94

　　　7.1.3　带源形变的 sine-Gordon 方程的孤子解、negaton 解及 positon 解 · · · · 96

　　　7.1.4　带源形变的短脉冲方程的环孤子、negaton 解及 positon 解 · · · · · · · 100

　7.2　带源形变的 Camassa-Holm 方程及求解 · · · · · · · · · · · · · · · · · · 104

　　　7.2.1　带源形变的 CH 方程 · 104

　　　7.2.2　Lax 表示及无穷守恒律 · 105

　　　7.2.3　Peakon 解 · 109

　　　7.2.4　倒数变换和求解公式 · 109

　7.3　带源形变的两分量 Camassa-Holm 方程 · · · · · · · · · · · · · · · · · 121

　　　7.3.1　Lax 对 · 122

　　　7.3.2　守恒律 · 124

　　　7.3.3　倒数变换 · 126

　　　7.3.4　多孤子解 · 128

第 8 章　应用 · 133

　8.1　光孤子通信的原理 · 133

　8.2　光孤子通信的影响因素 · 133

　8.3　可积形变系统解的特性及展望 · 134

参考文献 · 136

第 1 章　绪　　论

1.1　可积形变系统概述

高维系统、多分量系统、离散系统、非交换系统和可积系统的推广等是孤立子领域的关注热点. 其中, 如何推广已知的可积系统至多分量情形及形变情形, 并保持系统的可积性一直是可积系统理论研究的一个重要方向. 其中可积系统的 q-形变和无色散的可积系统 (可看作可积系统的无色散形变) 无论从数学角度还是物理学角度都吸引了许多学者的兴趣. 许多 q-形变和无色散的可积系统可以在 Sato 理论的框架内被构造, 其性质如无穷多个守恒量, 双 Hamilton 结构, τ-函数, 对称及 Bäcklund 变换等已被深入研究.

近年来, 可积系统的 Rosochatius 形变和 Kupershmidt 形变引起了广泛的关注. Rosochatius 发现[1], 对可积的 Neumann 系统, 当势函数中增加坐标平方的倒数项之和时, 可积性不受破坏. 这个形变的系统称为 Neumann-Rosochatius 系统. Wojciechovoski[2]从 KdV 方程的静态流出发, 构造了 Rosochatius 形变的 Garnier 系统. 利用 Deift 技巧和 Knörrer 定理, Kubo 等[3] 构造了 Rosochatius 形变的 Jacobi 系统, 即椭球面上的测地流的 Rosochatius 形变. 这些 Rosochatius 形变的可积系统有重要的物理应用. 例如, Neumann-Rosochatius 系统描述了旋转的闭弦解的动力性质[4-10]. Garnner-Rosochatius 系统可用于求解耦合的非线性 Schrödinger 方程[11]. 2007 年, 周汝光教授[12]利用孤立子方程的显示约束流 (有限维可积系统) 的 r 矩阵给出了构造孤立子方程显式约束流的 Rosochatius 形变的方法, 得到了许多 Rosochatius 形变的有限维可积的 Hamilton 系统, 如 AKNS 显式约束流、Tu 显式约束流和 mKdV 显式约束流的 Rosochatius 形变等.

但已有的关于 Rosochatius 形变的结果都局限于有限维可积的 Hamilton 系统. 文献 [13]、[14] 中, 利用孤立子方程高阶约束流 (有限维可积的 Hamilton 系统) 的 Lax 矩阵的可积形变, 给出了构造高阶约束流的 Rosochatius 形变的方法, 得到了 KdV 方程、mKdV 方程族等许多孤立子方程族的 Rosochatius 形变. 作为应用, 由 KdV 方程族的第一个高阶约束流的 Rosochatius 形变给出了著名的 Hénon-Heiles 系统的一个可积推广. 基于高阶约束流可看作第一型带自相容源孤立子方程的静态方程, 文献 [13]、[14] 从高阶约束流的 Rosochatius 形变出发, 首次构造了第一型带自相容源孤立子方程的 Rosochatius 形变及其 Lax 对. 如给出了带自相容源的 KdV 方程族、mKdV 方程族、AKNS 方程族、Kaup-Newell 方程族、Jaulent-Moodek 方程族的 Rosochatius 形变及其 Lax 表示. 这也是首次将 Rosochatius 形变从有限维可积系统推广到无穷维可积系统.

2008 年, Kalkani 等[15] 对六阶非线性波方程做 Painlevé 可积性分析时, 发现有四种不同的参数选择, 相应的六阶非线性方程是 Painlevé 可积的. 其中, 三种情形所对应的六阶非线性方程是已知的可积方程, 而第四种情形是一个新的可积方程, 由于其重量为 6 (KdV 方程重量为 3), 故称之为 KdV6 方程. 文献 [15] 中找到了 KdV6 方程的 Lax 对和 Bäcklund 变换, 但未能找到它的高阶守恒量和 Hamilton 结构. Kupershmidt[16] 利用 KdV 方程族的双 Hamilton 结构的两个 Hamilton 算子将 KdV6 方程描述为一个双 Hamilton 结构的非完整扰动, 称之为 Kupershmidt 形变, 并对一般的可积双 Hamilton 系统, 给出了 Kupershmidt 形变的一般构造, 同时提出了一个猜测: 双 Hamilton 系统的 Kupershmidt 形变是可积的, 但未能给出证明. Kersten 等[17] 证明了双 Hamilton 系统的 Kupershmidt 形变实际上是双 Hamilton, 并在几何框架内研究了这类非线性发展微分方程的 Hamilton 性质, 给出了 Kupershmidt 形变的 Magri 方程族, 同时对一般非时间演化型的偏微分方程, 提出了构造其 Hamilton 算子的几何框架. 文献 [18] 中, 曾云波教授等首次证明了 KdV 方程的非完整形变等价于第一型的带自相容源 Rosochatius 形变的 KdV 方程, 而且先于 Kersten 等给出了 KdV6 方程的双 Hamilton 结构描述, 并证明了此双 Hamilton 系统的可积性, 给出了无穷多个守恒量和相联系的方程族. 并进一步提出了构造推广的 Kupershmidt 形变的方法, 由此得到了 KdV 方程族、Camassa-Holm 方程、Boussinesq 方程和 JM 方程族的推广的 Kupershmidt 形变, 并证明了推广的 Kupershmidt 形变的方程族与 Rosochatius 形变的带自相容源的方程族之间的等价性[19].

作为孤立子方程的另一种推广, 孤立子方程的带源形变也是值得研究的一个重要内容. 带源系统首先由苏联学者 Mel'nikov 提出[20-22], 在流体力学、等离子物理、固体物理等领域中有重要的应用. 例如, 带源的 KP 方程描述了平面上互成一定角度前进的长波和短波包间的相互作用[21]; 带源的非线性 Schrödinger 方程既可以描述孤立子在带有可共振和不可共振的媒介中的传播过程[23], 也可以描述等离子体中高频静电波与离子声波间的非线性相互作用. 最近几年, 国内的学者在带自相容源的孤立子方程的研究中做出了重要的工作. 曾云波教授等利用将高阶约束系统看作是带自相容源的孤立子方程的静态方程的观点, 提出了构造带自相容源的孤立子方程及其 Lax 表示的一般途径[24,25], 确保了这样构造的带自相容源的孤立子方程一定是 Lax 可积的. 结合达布变换和常数变易法的思想构造了含有任意时间函数的推广的达布变换, 给出了两个不同自由度的带自相容源孤立子方程间的非自 Bäcklund 变换, 从而求出一些带自相容源孤立子方程的多种类型的解, 如孤立子解、positon 解、negaton 解、complexiton 解[26,27]. 胡星标研究员及其合作者利用 Pfaffian 的思想提出了一种构造带自相容源孤立子方程的方法[28-30]. 这一方法已应用于研究和求解带自相容源的 2 维 Toda 方程, 离散 KP 方程及 (2+1) 维 BKP 方程等, 并且构造了所得方程的双线性 Bäcklund 变换. 陈登远教授、张大军教授等利用直接在 Lax 表示中加入递推算子的特征函数的方法构造了带自相容源方程, 并利用 Hirota 双线性方法和 Wronskian 行列式技巧得到了带自相容源孤立子方程的解, 还研究了带自相容源的非等谱方程, 如 mKdV 方程等[31,32].

高维系统的扩展也可视为孤子方程族一种可积形变. 文献 [33] 中基于平方特征函数对称, 通过引进新的时间流, 提出了构造新的扩展的 (2+1) 维方程族的一般方法, 此新的方程族除含有原时间系列外还含有新的时间系列及更多的分量, 从而给出了方程族的一种扩展. 扩展的方程族及其约化分别包含了两种类型的带自相容源的二维和一维方程. 这表明这类扩展给出了统一的途径去导出带自相容源的一维和二维可积系统. 文献 [34]、[35] 中分别构造了扩展的 q-形变的 KP 方程族及 q-形变的修正 KP 方程族, 并利用广义的穿衣法得到相应的扩展方程族的孤子解. 除了连续系统, 离散系统也可进行类似的扩展. 文献 [36]、[37] 中分别研究了扩展的离散 KP 方程族及 2 维 Toda 格方程族, 给出了相应的 Lax 表示及约化, 同时构造了广义的穿衣法和达布变换, 由此得到了两种类型的带自相容源的离散 KP 方程及 Toda 格方程的 N 孤子解.

1.2 孤子简述

1.2.1 孤子的产生及性质

孤子是英文 "soliton" 的译名, 1834 年, 苏格兰科学家罗素观察到船只在航道上激发出来的不变形、不扩散、并以一定速度向前移动的水波, 称之为孤立波 (solitory wave)[38]. 从物理学的观点来看, 它是物质非线性效应的一种特殊产物. 从数学上看, 它是非线性色散方程的一类稳定的、能量有限的不弥散解, 也就是非线性与色散是它存在的必要条件.

1985 年, Korteweg 和 Vries 导出了浅水波方程 (KdV 方程), 对孤立波进行了较完整的解释和分析[39]. 通过计算机对孤子的研究表明, 单个孤子在行进中非常稳定, 多个孤子的相互碰撞遵守动量守恒和能量守恒, 甚至在外力的作用下其运动还服从牛顿第二定律. 孤子的高稳定性和粒子性引起了学者们的极大兴趣, 一系列求解方法, 如反散射方法、达布变换、双线性方法等相继被提出. 通过计算机实验和解析算法相结合, 已在 Sine-Gordon 方程、非线性 Schrödinger 方程、Boussinesq 方程、Toda 晶格方程、Born-Infeld 方程等方程中发现孤子. 它们不仅涉及流体力学, 还涉及光学、天体物理等领域, 展现出一个奇妙的非线性行为的新世界.

1.2.2　光孤子的形成与发展

光脉冲是一系列不同频率的光波振荡组成的电磁波的集合, 光孤子就是一种能在光纤传播中长时间保持形态、幅度和速度不变的光脉冲. 一束光脉冲包含许多不同的频率成分, 频率不同, 在介质中的传播速度也不同, 因此, 光脉冲在光纤中将发生色散使得脉宽变宽. 但当具有高强度的极窄单色光脉冲入射到光纤中时, 将产生克尔效应, 即介质的折射率随光强度而变化, 由此导致在光脉冲中产生自相位调制, 使脉冲前沿产生的相位变化引起频率降低, 脉冲后沿产生的相位变化引起频率升高, 于是脉冲前沿比其后沿传播得慢, 从而使脉宽变窄. 当脉冲具有适当的幅度时, 以上两种作用可以恰好抵消, 则脉冲可以保持波形稳定不变地在光纤中传输, 即形成了光孤子, 也称为基阶光孤子. 若脉冲幅度继续增大时, 变窄效应将超过变宽效应, 则形成高阶光孤子, 它在光纤中传输的脉冲形状将发生连续变化, 首先压缩变窄, 然后分裂, 在特定距离处脉冲周期性的复原 [40-43].

光孤子概念的提出可追溯到 1973 年, 当时刚完成等离子体中孤子形电子回旋波研究的 Hasegawa 进入贝尔实验室研究光纤通信理论, 借助非线性效应, 认识到光纤中非线性包络波与电子回旋波的相似性, 进而建立了描述光纤中包络波的非线性薛定谔方程, 并与其合作者 Tappert 一起从理论上证明, 任何无损光纤中的光脉冲在传输过程中自己能形变为孤子后稳定传输 [44]. 这一发现诱发了将光孤子作为一种信息载体用于高速通信的遐想. 紧接着他们在文章 "色散光纤中非线性光孤子脉冲的稳定传输" [45] 中从理论上解释了光孤子的形成机制和传输规律, 指出光纤负色散区域支撑亮孤子, 正色散区域支撑暗孤子. 1974 年, Ashkin 和 Bjorkholm 报告了第一代空间孤子的产生. 空间光孤子的种类繁多, 按其直观特性可分为亮孤子、暗孤子和灰孤子三类; 根据材料对光场响应的不同非线性机理, 可分为克尔孤子、类克尔孤子、二次孤子、光折变孤子等; 还可以根据其表现方式分为相干孤子、非相干孤子、离散孤子、非局域空间光孤子等. 1980 年, Mollenauer 第一次在实验中观察到了光纤中孤子的形成机制和传输规律. 这些研究结果 [46,47] 证明了光孤子的存在不是臆测, 而是一种客观实际, 自此开启了光纤孤子研究的新里程. 1988 年, 在光纤中发现时间暗孤子的存在. 随后在 20 世纪 90 年代的十年间, 许多其他类型的光孤子, 如时空孤子、布拉格孤子、涡旋孤子和矢量孤子等相继被发现. 近年来, 时域上的亮孤子、正色散区的暗孤子、空域上展开的三维光孤子等, 由于它们完全由非线性效应决定, 不需要任何静态介质波而备受国内外研究人员的重视.

第 2 章 基础知识

2.1 达布变换简介

非线性方程的求解是一个难度很大的问题. 只有在特殊情况下, 才能求得有显式表达式的解. 对于孤立子方程, 有多种显式求解的方法, 其中最经典的是反散射方法. 通过非线性方程的 Lax 对和谱理论, 把非线性方程的求解问题化为求解线性积分方程. 这一方法相对比较复杂, 而且求解积分方程比较困难, 只有在一些特定条件下, 如退化核的情况下可以得到显式解. 到 20 世纪 70 年代后期, 人们注意到达布提出的处理二阶常微分方程谱问题的方法可以应用到非线性方程的求解中, 从而该方法在孤立子和可积系统的研究中得到人们的关注, 并迅速发展, 这便是达布变换方法[48,49].

在本节中我们以 KdV 方程为例来阐述达布变换方法的基本思想. KdV 方程为

$$u_t + 6uu_x + u_{xxx} = 0 \tag{2.1}$$

具有 Lax 对

$$\phi_{xx} = -(\lambda + u)\phi \tag{2.2a}$$

$$\phi_t = -4\phi_{xxx} - 6u\phi_x - 3u_x\phi \tag{2.2b}$$

式中, u 和 ϕ 都是 x 和 t 的函数, 其中式 (2.2a) 也称为薛定谔谱问题.

在 19 世纪, 达布发现, 如果 $u(x)$ 和 $\phi(x, \lambda)$ 是式 (2.2a) 的解, 令 $f(x) = \phi(x, \lambda)$ 是式 (2.2a) 当 $\lambda = \lambda_0$ 时的解, 那么

$$u' = -(\lambda + u)\phi \tag{2.3a}$$

$$\phi' = \phi_x - \frac{f_x}{f}\phi \tag{2.3b}$$

如此定义的函数 u' 和 ϕ' 也满足

$$\phi'_{xx} = -(\lambda + u')\phi' \tag{2.4}$$

这样, 从初始的一组函数 (u, ϕ) 出发, 借助于特解 $f(x) = \phi(x, \lambda_0)$, 得到了满足同一方程的另一组函数 (u', ϕ'). 这就是最原始的达布变换.

对于 KdV 方程, 这一结论也是成立的, 区别仅仅在于达布变换中的 (u, ϕ) 还依赖于 t, 即满足式 (2.2). 这时对于 $\lambda = \lambda_0$, 求解 Lax 对 (2.2) 可以得到 $f(x, t) = \phi(x, t, \lambda_0)$, 再利用达布变换公式 $u' = u + 2(\ln f)_{xx}$ 就得到了 KdV 方程的一个新的解.

在利用达布变换求解时, 通常要先给出方程的一个特解, 这个特解被称为 "种子" 解. 显然 $u \equiv 0$ 是 KdV 方程的一个解, 就以它作为 KdV 方程的 "种子" 解, 记为 $u[0] = 0$, 求解 Lax 对 (2.2) 得 $\phi[0]$, 然后利用达布变换, 可以得到单孤立子解 $u[1]$, 接下来再从 $u[1]$ 出发再做一次达布变换, 那么就可以得到二孤子解. 进一步, 重复这样的操作 n 次, 就得到一般的 n 孤立子解的表达式:

$$(u[0], \phi[0]) \to (u[1], \phi[1]) \to (u[2], \phi[2]) \to \cdots$$

经过整理, KdV 方程的 n 孤立子解可以写成行列式的形式:

$$u[n] = u[0] + 2(\ln f)_{xx} \tag{2.5a}$$

$$f = \mathrm{Wr}(f_1, f_2, \cdots, f_n) = \begin{vmatrix} f_1 & f_2 & \cdots & f_n \\ f_{1,x} & f_{2,x} & \cdots & f_{n,x} \\ \cdots & & & \cdots \\ f_1^{(n-1)} & f_2^{(n-1)} & \cdots & f_n^{(n-1)} \end{vmatrix} \tag{2.5b}$$

其中, Wr 表示朗斯基行列式, $f_i = \phi[0](x, t, \lambda_i)$. 这里可以注意到, 虽然我们应该从 $u[n-1]$ 出发得到 $u[n]$, 但是实际上还是利用的 $u[0]$ 得到的 $\phi[0]$, 区别只是我们利用了更多的谱 λ_i 而已.

如果特征值 λ_i 出现重根, 直接利用达布变换公式将出现分母为 0 的情况, 此时需要利用如下推广的达布变换来进行求解:

$$u[n] = u[0] + 2(\ln f)_{xx} \tag{2.6a}$$

$$f = \mathrm{Wr}(f_1, \cdots, f_1^{[m_1]}, f_2, \cdots, f_2^{[m_2]}, \cdots, f_n, \cdots, f_n^{[m_n]}) \tag{2.6b}$$

其中, $f_i = \phi[0](x, t, \lambda_i)$, $f_i^j = \dfrac{1}{j!} \dfrac{\partial^j \phi(\lambda)}{\partial \lambda^j}\Big|_{\lambda = \lambda_i}$.

通过推广的达布变换可以得到 KdV 方程的 positon 解, negaton 解及有理解.

2.2 Sato 理论简介

2.2.1 拟微分算子环

令

$$L = \partial^n + u_{n-2}\partial^{n-2} + \cdots + u_0, \quad \partial = \partial/\partial x$$

是线性微分算子. 进一步将此算子与线性微分方程联系起来, 这些方程的系数将表示为 $u_0, \cdots, u_{n-2}$ 及其任意阶导数的多项式. 算子 ∂ 的作用规则为 $\partial(fg) = (\partial f)g + f(\partial g)$, $\partial u_i^{(j)} = u_i^{(j+1)}$. 记 $\mathcal{A}_u$ (简记为 $\mathcal{A}$) 为 $\{u_i^{(j)}\}$ 的多项式微分代数, 如果微分多项式没有自由项, 称其为无常数多项式, 并用 $\mathcal{A}_0$ 表示此类多项式的子代数[50].

令

$$X = \sum_{-\infty}^{m} X_i \partial^i, X_i \in \mathcal{A}$$

是形式级数 (m 是任意的). 这些级数可以相加、相乘, 并与 $\mathcal{A}$ 中的元素相乘, 运算法则如下:

$$\partial^k \circ f = f\partial^k + \binom{k}{1} f'\partial^{k-1} + \cdots, \quad \binom{k}{i} = \frac{k(k-1)\cdots(k-i+1)}{i!}, k \in \mathbf{Z}$$

如此定义的乘法满足结合律, 称之为拟微分算子环, 可证明其满足下面的性质.

命题 2.1 如果 $X = \sum_{-\infty}^{m} X_i \partial^i$ 且 $X_m = 1$, 则存在从 ∂ 开始的唯一的拟微分算子环 X^{-1} 和 $X^{1/m}$ 与 X 可交换.

证明: 令

$$X^{-1} = \partial^{-m} + Y_{-m-1}\partial^{-m-1} + Y_{-m-2}\partial^{-m-2} + \cdots$$

其中系数待定. 由 $XX^{-1} = 1$ 得

$$1 + (X_{m-1} + Y_{-m-1})\partial^{-1}$$
$$+ (X_{m-2} + X_{m-1}Y_{-m-1} + Y_{-m-2} + mY'_{-m-1})\partial^{-2} + \cdots \equiv 1$$

由此得到一系列形式为 $Y_{-m-k} = -X_{-m-k} + Q_k$ 的递推方程, 这里 Q_k 是 $\{X_i\}$ 和 $\{Y_j\}$ ($j > -m-k$) 中的微分多项式. 以同样的方式可以构造 $X^{1/m}$: $(X^{1/m})^m = X$. 进而有 $[X, X^{-1}] = 0$. 直接计算 $X = X^{1/m} \cdots X^{1/m}$ 与 $X^{1/m}$ 的交换子得

$$[X, X^{1/m}] = [X^{1/m}, X^{1/m}] X^{1/m} \cdots X^{1/m}$$
$$+ X^{1/m} [X^{1/m}, X^{1/m}] X^{1/m} \cdots X^{1/m} + \cdots = 0 \qquad \square$$

由此可得以下推论.

推论 2.1   对于任意的整数 p, 可以构造与 X 可交换的算子 $X^{p/m}$, 其最高项为 ∂^p.

基于上述性质，直接计算有以下命题.

命题 2.2   若 $X = \sum_0^{n-2} X_i \partial^i \in R_{n-1}$, 则 $\partial_X L = X$ 成立.

2.2.2   Lax 表示和相容性

为了导出方程族的 Lax 表示和零曲率方程, 取

$$P_m = \left(L^{m/n}\right)_+$$

其可简记为 $L_+^{m/n}$. 如此定义的算子满足如下命题.

命题 2.3   交换子 $[P_m, L]$ 属于 R_{n-1}.

证明:

$$[P_m, L] = \left[L^{m/n} - L_-^{m/n}, L\right] = -\left[L_-^{m/n}, L\right]$$

该式左端是微分算子, 右端是 -1 阶和 n 阶算子的交换子. 它的阶数小于或等于 $-1 + n - 1 = n - 2$.   □

微分算子 P (其系数属于 $\mathcal{A}$) 与 L 一起构成 Lax 对 $[P, L] \in R_{n-1}$. 这样, 对任意的整数 $m > 0$, 可构造算子 P_m 使 $[P_m, L]$ 是一个 Lax 对. 因为 $[P_m, L] \in R_{n-1}$, 所以导数 $\partial_{[P_m, L]}$ 是有意义的. 根据命题 2.2 有 $\partial_{[P_m, L]} L = [P_m, L]$.

令所有的系数 u_i 依赖于附加参数 t_m, 可写出微分方程

$$\partial_m L = \partial_{[P_m, L]} L, \ \ \partial_m = \partial / \partial t_m$$

或者

$$\partial_m L = [P_m, L] \tag{2.7}$$

这等价于关于 $\{u_i\}$ $(i = 0, \ldots, n - 2)$ 的微分方程. 该系统由两个整数 m 和 n 决定.

定义 2.1   对于固定的 n 和变化的 m, 方程组 (2.7) 称为 n 阶 Gelfand-Dickey 方程族. 式 (2.7) 的一个显著性质是对不同的 m 它们是相容的. 这意味着两个或多个方程可以一起求解, 即可以找到含有两个或多个变量 t_m 的函数 u_i, 满足关于每个变量的相应方程 (2.7).

方程 (2.7) 的一个显著性质是对不同的 m 是相容的, 因此对任意的 l 和 m 来说, 向量场 ∂_l 和 ∂_m 一定是相容的, 故有如下引理.

引理 2.1 对任意的 l 和 m, 方程

$$\partial_l P_m - \partial_m P_l = [P_l, P_m]$$

成立.

证明: 对任意的 k, 有

$$\partial_m L^{k/n} = \left[P_m, L^{k/n}\right]$$

由此可得

$$
\begin{aligned}
\partial_l L_+^{m/n} - \partial_m L_+^{l/n} &= \left[L_+^{l/n}, L^{m/n}\right]_+ - \left[L_+^{m/n}, L^{l/n}\right]_+ \\
&= \left[L_+^{l/n}, L_+^{m/n}\right]_\oplus + \left[L_\oplus^{l/n}, L_-^{m/n}\right]_+ - \left[L_+^{m/n}, L^{l/n}\right]_+ \\
&= \left[L_+^{l/n}, L_+^{m/n}\right] + \left[L^{l/n}, L^{m/n}\right]_+ = \left[L_+^{l/n}, L_+^{m/n}\right]
\end{aligned}
$$

其中, 下标 $\oplus$ 表示此下标可以跳过   □

进一步可证明以下命题.

命题 2.4 向量场 ∂_l 和 ∂_m 是可交换的.

证明: 因为向量场是 $\mathcal{A}$ 上的导数, 所以证明它们作用在 L 上是可交换的即可.

$$
\begin{aligned}
\partial_l \partial_m L - \partial_m \partial_l L &= \partial_l \left[L_+^{m/n}, L\right] - \partial_m \left[L_+^{l/n}, L\right] \\
&= \left[\partial_l L_+^{m/n} - \partial_m L_+^{l/n}, L\right] + \left[L_+^{m/n}, \partial_l L\right] - \left[L_+^{l/n}, \partial_m L\right] \\
&= \left[\left[L_+^{l/n}, L_+^{m/n}\right], L\right] + \left[L_+^{m/n}, \left[L_+^{l/n}, L\right]\right] - \left[L_+^{l/n}, \left[L_+^{m/n}, L\right]\right] \\
&= 0
\end{aligned}
$$

□

下面以 Kadomtsev-Petviashvili (KP) 方程为例说明如何由拟微分算子构造相应的方程族. 假设拟微分算子 L 为

$$L = \partial + u_1 \partial^{-1} + u_2 \partial^{-2} + \cdots$$

构造一组微分方程

$$\partial_m L = [B_m, L], \quad \partial_m = \partial / \partial t_m \tag{2.8}$$

其中, t_m 是时间参数, $B_m = L_+^m$.

命题 2.5 方程 (2.8) 意味着

$$\partial_m B_n - \partial_n B_m = [B_m, B_n] \tag{2.9}$$

该方程称为零曲率方程.

证明:

$$\partial_m B_n - \partial_n B_m - [B_m, B_n]$$

$$= ((\partial_m L) L^{n-1} + L ((\partial_m L) L^{n-2} + \cdots + L^{n-1} (\partial_m L) - (\partial_n L) L^{m-1}$$

$$- \cdots - L^{m-1} (\partial_n L) - [B_m, B_n])_+$$

$$= \left(\sum_{i=0}^{n-1} L^i [B_m, L] L^{n-i-1} - \sum_{i=0}^{m-1} L^i [B_n, L] L^{m-i-1} - [B_m, B_n] \right)$$

$$= ([B_m, L^n] - [B_n, L^m] - [B_m, B_n])_+$$

$$= [B_n - L^n, B_m - L^m]_+ = [L_-^m, L_-^n]_+$$

$$= 0 \qquad\qquad \square$$

式 (2.9) 中的每个方程等价于一个有限方程组, 方程的数量等于未知函数的数量, 即这是一个闭合系统.

在式 (2.9) 中取 $n = 3$, $m = 2$ 且令 $2u_1 = u$, $x_2 = y$, $x_3 = t$, 则有

$$u_y = u'' + 4u_2'$$

$$u_y' + 2 (u_2)_y - \frac{2}{3} u_t = \frac{1}{3} u''' + 2u_2'' - uu'$$

该式中消掉 u_2 得到 KP 方程

$$3u_{yy} = (4u_t - u''' - 6uu')'$$

2.2.3　穿衣法

式 (2.7) 具有无穷多个精确解析解, 其中最简单的是孤子型或行列式解. 设 N 为任意正整数 (称其为孤子数), 令

$$y_k = \exp \sum_m \alpha_k^m t_m + a_k \sum_m \epsilon^m \alpha_k^m t_m, \quad k = 1, \cdots, N$$

其中, $\{a_k\}$ $(k = 1, \cdots, N)$ 是复数, $\alpha_k \neq \alpha_l$ $(k \neq l)$, $\epsilon^n = 1$. 令

$$\Phi = \frac{1}{\Delta} \begin{vmatrix} y_1 & \cdots & y_N & 1 \\ y_1' & \cdots & y_N' & \partial \\ \vdots & & \vdots & \vdots \\ y_1^{(N-1)} & \cdots & y_N^{(N-1)} & \partial^{N-1} \\ y_1^{(N)} & \cdots & y_N^{(N)} & \partial^N \end{vmatrix}$$

其中, Δ 是 $y_1, \cdots, y_N$ 的 Wronskian 行列式, Φ 是首项系数为 1 的 N 阶微分算子, 且 y_k 具有性质:

$$\partial_m y_k = \partial^m y_k, \quad \partial^n y_k = \alpha_k^n y_k, \quad \Phi y_k = 0$$

现在借助算子 Φ 通过 "dressing" 算子 ∂^n 来构造算子 L

$$L = \Phi \partial^n \Phi^{-1} \tag{2.10}$$

下面的命题中证明了这样定义的算子满足 Lax 方程.

命题 2.6 由式 (2.10) 定义的算子 L 满足方程 (2.7).

证明: 由式 (2.10) 可得

$$L^{1/n} = \Phi \partial \Phi^{-1}, \quad L^{m/n} = \Phi \partial^m \Phi^{-1}, \quad L_+^{m/n} \Phi - \Phi \partial^m = -L_-^{m/n} \Phi$$

上面最后一个等式右侧的阶数小于 N, 左侧是微分算子, 记为 Q, 则 Q 的阶数小于 N. 将 ∂_m 应用于 $\Phi y_k = 0$ 得

$$0 = \left(\partial_m \Phi\right) y_k + \Phi \partial_m y_k = \left(\partial_m \Phi\right) y_k + L_+^{m/n} \Phi y_k - Q y_k$$

$$= \left(\left(\partial_m \Phi\right) - Q\right) y_k$$

于是有 $\left(\partial_m \Phi\right) - Q = 0$, 且

$$\partial_m \Phi = L_+^{m/n} \Phi - \Phi \partial^m = L_+^{m/n} \Phi - L^{m/n} \Phi = -L_-^{m/n} \Phi$$

所以

$$\partial_m L = \left(\partial_m \Phi\right) \partial^n \Phi^{-1} - \Phi \partial^n \Phi^{-1} \left(\partial_m \Phi\right) \Phi^{-1} = \left(L_+^{m/n} \Phi - \Phi \partial^m\right) \partial^n \Phi^{-1}$$

$$- \Phi \partial^n \Phi^{-1} \left(L_+^{m/n} \Phi - \Phi \partial^m\right) \Phi^{-1} = L_+^{m/n} \Phi \partial^n \Phi^{-1} - \Phi \partial^n \Phi^{-1} L_+^{m/n}$$

$$= L_+^{m/n} L - L L_+^{m/n} = \left[L_+^{m/n}, L\right] \qquad \square$$

下面用穿衣法构造 KP 方程的单孤子解. 记

$$\xi(t, \alpha) = t_1 \alpha + t_2 \alpha^2 + t_3 \alpha^3 + \cdots$$

取

$$y_k(t) = \exp \xi\,(t, \alpha_k) + a_k \exp \xi\,(t, \beta_k)\,, \quad k = 1, \cdots, N$$

当 $N = 1$ 时, 将 $y_1(t)$ 代入式 (2.10) 可得 KP 方程的单孤子解

$$u_1 = \partial^2 \ln y = \frac{(\alpha - \beta)^2}{4 \cosh^2((\xi(t, \beta) - \xi(t, \alpha) + \ln a)/2)}$$

第 3 章　带源形变的孤子方程族的 Rosochatius 形变

为了使本书自成体系, 本章首先简单地回顾一下高阶约束流和带自相容源的孤子方程族的知识. 然后详细介绍了带自相容源的 KdV 方程族的 Rosochatius 形变, 带自相容源的 AKNS 方程族的 Rosochatius 形变和带自相容源的 mKdV 方程族的 Rosochatius 形变.

3.1　高阶约束流及带源形变的孤子方程

考虑如下可写为有限维 Hamilton 系统的孤子方程族

$$u_{t_n} = J\frac{\delta H_n}{\delta u} \tag{3.1}$$

其辅助线性问题为

$$\phi_x = U(\lambda, u)\phi, \ \phi = (\phi_1, \phi_2)^{\mathrm{T}} \tag{3.2a}$$

$$\phi_{t_n} = V^{(n)}(\lambda, u)\phi \tag{3.2b}$$

当 λ 取 N 个不同的 λ_j 时, 从谱问题 (3.2a) 得到的方程和守恒量 H_n 及 λ_j 的变分导数构成方程族 (3.1) 的高阶约束流[51].

$$J\left[\frac{\delta H_n}{\delta u} + \sum_{j=1}^{N}\frac{\delta \lambda_j}{\delta u}\right] = 0 \tag{3.3a}$$

$$\phi_{j,x} = U(\lambda_j, u)\phi_j, \ \phi_j = (\phi_{1j}, \phi_{2j})^{\mathrm{T}}, \ j = 1, 2, \cdots, N \tag{3.3b}$$

引进 Jacobi-Ostrogradsky 坐标[52], 式 (3.3) 可化为有限维可积的 Hamilton 系统. 从式 (3.2) 的伴随表示可得到式 (3.3) 的 Lax 表示[53]:

$$N_x^{(n)} = [U, N^{(n)}] \tag{3.4}$$

一般地, $N^{(n)}$ 具有如下形式:

$$N^{(n)}(\lambda) = V^{(n)}(\lambda) + N_0 = \begin{bmatrix} A(\lambda) & B(\lambda) \\ C(\lambda) & -A(\lambda) \end{bmatrix}$$

其中

$$N_0 = \sum_{j=1}^{N} \frac{1}{\lambda - \lambda_j} \begin{bmatrix} \phi_{1j}\phi_{2j} & -\phi_{1j}^2 \\ \phi_{2j}^2 & -\phi_{1j}\phi_{2j} \end{bmatrix}$$

或

$$N_0 = \sum_{j=1}^{N} \frac{1}{\lambda^2 - \lambda_j^2} \begin{bmatrix} \lambda\phi_{1j}\phi_{2j} & -\lambda_j\phi_{1j}^2 \\ \lambda_j\phi_{2j}^2 & -\lambda\phi_{1j}\phi_{2j} \end{bmatrix}$$

带自相容源的孤子方程族定义为[24,54]

$$u_{t_n} = J\left[\frac{\delta H_n}{\delta u} + \sum_{j=1}^{N} \frac{\delta \lambda_j}{\delta u}\right] \tag{3.5a}$$

$$\phi_{j,x} = U(\lambda_j, u)\phi_j, \; j = 1, 2, \cdots, N \tag{3.5b}$$

由于高阶约束流 (3.3) 恰好是式 (3.5) 的静态方程, 因此从式 (3.4) 可得到式 (3.5) 的零曲率表示为

$$U_{t_n} - N_x^{(n)} + [U, N^{(n)}] = 0 \tag{3.6}$$

这表明式 (3.5) 是 Lax 可积的. 事实上, 通过引进 Jacobi-Ostrogradsky 坐标[55,56] 并把 t 看作 "空间" 变量, x 看作演化参数, 式 (3.5) 可表示为具有 t-型 Hamilton 算子的无穷维可积 Hamilton 系统. 文献 [55]、[56] 中分别给出了带自相容源的 KdV 方程和 Jaulent-Miodek 方程的 t-型双 Hamilton 描述.

本章中, 通过将 Lax 矩阵 $N^{(n)}$ 的元素 ϕ_{2j}^2 替换为 $\phi_{2j}^2 + \frac{\mu_j}{\phi_{1j}^2}$, 我们构造出 Rosochatius 形变的矩阵 $\tilde{N}^{(n)}$, 即 $\tilde{N}^{(n)}$ 的元素为

$$\tilde{A}(\lambda) = A(\lambda), \; \tilde{B}(\lambda) = B(\lambda), \tilde{C}(\lambda) = C(\lambda) + \sum_{j=1}^{N} \frac{\mu_j}{(\lambda - \lambda_j)\phi_{1j}^2}$$

或

$$\tilde{C}(\lambda) = C(\lambda) + \sum_{j=1}^{N} \frac{\lambda_j\mu_j}{(\lambda^2 - \lambda_j^2)\phi_{1j}^2} \tag{3.7}$$

将 Lax 表示 (3.4) 中的 $N^{(n)}$ 用 $\tilde{N}^{(n)}$ 代替即可得到高阶约束流 (3.3) 的 Rosochatius 形变. 替换后 $A(\lambda)$, $B(\lambda)$ 和 $C(\lambda)$ 之间的 Poisson 括号关系不变保证了式 (3.3) 的 Rosochatius 形变的可积性. 按照此方法, 我们分别由 KdV 方程族的高阶约束流、AKNS 方程族的高阶约束流及 mKdV 方程族的高阶约束流得到了无穷多个可积 Rosochatius 形变的有限维可积系统. 需要指出的是从 KdV 方程族的第一

个高阶约束流, 可得到推广的著名的可积 Hénon-Heiles 系统, 这可看作是 Hénon-Heiles 系统的可积多维推广.

基于高阶约束流的 Rosochatius 形变, 通过将零曲率方程 (3.6) 中的 $N^{(n)}$ 替换为 $\tilde{N}^{(n)}$, 可构造出带自相容源的孤子方程族的 Rosochatius 形变. Rosochatius 形变的带自相容源的孤子方程族具有零曲率表示 (3.6) (其中的 $N^{(n)}$ 替换为 $\tilde{N}^{(n)}$), 并且其静态约化是高阶约束流 (3.3) 的可积 Rosochatius 形变, 这说明了 Rosochatius 形变的带自相容源的孤子方程族的可积性. 按照该方法, 可得到 Rosochatius 形变的带自相容源的 KdV 方程族、AKNS 方程族及 mKdV 方程族, 并得到它们的零曲率表示. 从已得到的结果可知, 带自相容源的孤子方程族的 Rosochatius 形变有两种类型, 一种是形变项仅出现在式 (1.5b) 中, 如 Rosochatius 形变的带自相容源的 KdV 方程族和 mKdV 方程族; 另一种是式 (1.5a) 和式 (1.5b) 中均有形变项, 如 Rosochatius 形变的带自相容源的 AKNS 方程族.

3.2 带源形变 KdV 方程族的 Rosochatius 形变

考虑 Schrödinger 谱问题[57]

$$\phi_{1xx} + (\lambda + u)\phi_1 = 0 \tag{3.8}$$

式 (3.8) 可写为如下矩阵形式:

$$\begin{bmatrix} \phi_1 \\ \phi_2 \end{bmatrix}_x = U \begin{bmatrix} \phi_1 \\ \phi_2 \end{bmatrix}, \ U = \begin{bmatrix} 0 & 1 \\ -\lambda - u & 0 \end{bmatrix} \tag{3.9}$$

式 (3.9) 的伴随表示为

$$V_x = [U, V] \tag{3.10}$$

令

$$V = \sum_{i=1}^{\infty} \begin{bmatrix} a_i & b_i \\ c_i & -a_i \end{bmatrix} \lambda^{-i} \tag{3.11}$$

解式 (3.10) 得

$$a_k = -\frac{1}{2}b_{k,x}, \ b_{k+1} = Lb_k = -\frac{1}{2}L^{k-1}u, \ c_k = -\frac{1}{2}b_{k,xx} - b_{k+1} - b_k u$$

$$a_0 = b_0 = 0, \ c_0 = -1, \ a_1 = 0, \ b_1 = 1, \ c_1 = -\frac{1}{2}u, \ a_2 = \frac{1}{4}u_x \tag{3.12}$$

$$b_2 = -\frac{1}{2}u, \ c_2 = \frac{1}{8}(u_{xx} + u^2), \ b_3 = \frac{1}{8}(u_{xx} + 3u^2), \cdots$$

其中, $L = -\dfrac{1}{4}\partial^2 - u + \dfrac{1}{2}\partial^{-1}u_x.$

设

$$V^{(n)} = \sum_{i=1}^{n} \begin{bmatrix} a_i & b_i \\ c_i & -a_i \end{bmatrix} \lambda^{n-i} + \begin{bmatrix} 0 & 0 \\ b_{n+1} & 0 \end{bmatrix} \tag{3.13}$$

且取

$$\begin{bmatrix} \phi_1 \\ \phi_2 \end{bmatrix}_{t_n} = V^{(n)}(u, \lambda) \begin{bmatrix} \phi_1 \\ \phi_2 \end{bmatrix} \tag{3.14}$$

式 (3.9) 和式 (3.14) 的相容性给出 KdV 方程族:

$$u_{t_n} = -2b_{n+1,x} \equiv \partial \frac{\delta H_n}{\delta u}, \ n = 0, 1, \cdots \tag{3.15}$$

其中, $H_n = 4b_{n+2}/(2n+1).$ 直接计算得

$$\frac{\delta \lambda}{\delta u} = \phi_1^2, \ L\phi_1^2 = \lambda \phi_1^2 \tag{3.16}$$

KdV 方程族的高阶约束流为[51]

$$\frac{\delta H_n}{\delta u} - \alpha \sum_{j=1}^{N} \frac{\delta \lambda_j}{\delta u} \equiv -2b_{n+1} - \alpha \sum_{j=1}^{N} \phi_{1j}^2 = 0 \tag{3.17a}$$

$$\phi_{1j,x} = \phi_{2j}, \ \phi_{2j,x} = -(\lambda_j + u)\phi_{1j}, \ j = 1, 2, \cdots, N \tag{3.17b}$$

根据方程 (3.12), 式 (3.16) 和式 (3.17), 我们得到式 (3.17) 的 Lax 表示 (3.4), 其中

$$N^{(n)} = \sum_{k=0}^{n} \begin{bmatrix} a_k & b_k \\ c_k & -a_k \end{bmatrix} \lambda^{n-k} + \frac{\alpha}{2} \sum_{j=1}^{N} \frac{1}{\lambda - \lambda_j} \begin{bmatrix} \phi_{1j}\phi_{2j} & -\phi_{1j}^2 \\ \phi_{2j}^2 & -\phi_{1j}\phi_{2j} \end{bmatrix} \tag{3.18}$$

通过引进 Jacobi-Ostrogradsky 坐标[52]

$$q_i = u^{(i-1)}, \ p_i = \frac{\delta H_n}{\delta u^{(i)}} = \sum_{l \geqslant 0}(-\partial)^l \frac{\partial H_n}{\partial u^{(i+l)}}, \ i = 1, \cdots, n-1$$

且令

$$\Phi_1 = (\phi_{11}, \phi_{12}, \cdots, \phi_{1N})^{\mathrm{T}}, \ \Phi_2 = (\phi_{21}, \phi_{22}, \cdots, \phi_{2N})^{\mathrm{T}}$$

$$Q = (\phi_{11}, \phi_{12}, \cdots, \phi_{1N}, q_1, \cdots, q_{n-1})^{\mathrm{T}}, \ P = (\phi_{21}, \phi_{22}, \cdots, \phi_{2N}, p_1, \cdots, p_{n-1})^{\mathrm{T}}$$

$$\Lambda = \mathrm{diag}(\lambda_1, \lambda_2, \cdots, \lambda_N)$$

取 $\alpha = \dfrac{2}{4^n}$，方程 (3.17) 化为如下有限维可积的 Hamilton 系统[51]：

$$Q_x = \frac{\partial H}{\partial P}, \quad P_x = -\frac{\partial H}{\partial Q} \tag{3.19}$$

其中

$$H = \sum_{i=1}^{n-1} q_{i,x} p_i - H_n + \frac{1}{2}\langle \Phi_2, \Phi_2 \rangle + \frac{1}{2}\langle \Lambda\Phi_1, \Phi_1 \rangle + \frac{1}{2}q_1 \langle \Phi_1, \Phi_1 \rangle$$

这里 $\langle , \rangle$ 是 R^N 中的内积. 例如, 当取 $n = 0$, $\alpha = -2$ 时, 由式 (3.17) 得到 Neumann 系统[58]; 当取 $n = 1$, $\alpha = 1$ 时, 由式 (3.17) 得到 Garnier 系统[2,58]. 当 $n = 2$, $\alpha = \dfrac{1}{8}$ 时, 方程 (3.17) 给出 KdV 方程族的第一个高阶约束流[51]：

$$u_{xx} + 3u^2 = -\frac{1}{2}\sum_{j=1}^N \phi_{1j}^2 = -\frac{1}{2}\langle \Phi_1, \Phi_1 \rangle \tag{3.20a}$$

$$\phi_{1j,x} = \phi_{2j}, \quad \phi_{2j,x} = -(\lambda_j + u)\phi_{1j}, \quad j = 1, 2, \cdots, N \tag{3.20b}$$

令 $q_1 = u$, $p_1 = u_x$, 式 (3.20) 化为有限维可积的 Hamilton 系统 (3.19), 其中

$$H = \frac{1}{2}\langle \Phi_2, \Phi_2 \rangle + \frac{1}{2}\langle \Lambda\Phi_1, \Phi_1 \rangle + \frac{1}{2}q_1\langle \Phi_1, \Phi_1 \rangle + \frac{1}{2}p_1^2 + q_1^3$$

且有 Lax 表示 (3.4), 其中 $N^{(2)}$ 的元素为

$$A(\lambda) = \frac{1}{4}p_1 + \frac{1}{16}\sum_{j=1}^N \frac{\phi_{1j}\phi_{2j}}{\lambda - \lambda_j}, \quad B(\lambda) = \lambda - \frac{1}{2}q_1 - \frac{1}{16}\sum_{j=1}^N \frac{\phi_{1j}^2}{\lambda - \lambda_j}$$

$$C(\lambda) = \lambda^2 - \frac{q_1}{2}\lambda - \frac{q_1^2}{4} - \frac{1}{16}\langle \Phi_1, \Phi_1 \rangle + \frac{1}{16}\sum_{j=1}^N \frac{\phi_{2j}^2}{\lambda - \lambda_j}$$

根据 Poisson 括号的定义计算得

$$\{A(\lambda), A(\mu)\} = \{B(\lambda), B(\mu)\} = 0, \ \{C(\lambda), C(\mu)\} = \frac{A(\lambda) - A(\mu)}{4}$$

$$\{A(\lambda), B(\mu)\} = \frac{B(\lambda) - B(\mu)}{8(\lambda - \mu)}, \{A(\lambda), C(\mu)\} = \frac{C(\lambda) - C(\mu)}{8(\mu - \lambda)} - \frac{B(\lambda)}{8} \tag{3.21}$$

$$\{B(\lambda), C(\mu)\} = \frac{A(\lambda) - A(\mu)}{4(\lambda - \mu)}$$

由式 (3.21) 得

$$\{A(\lambda)^2 + B(\lambda)C(\lambda), A(\mu)^2 + B(\mu)C(\mu)\} = 0 \tag{3.22}$$

当 $n = 3, \alpha = \dfrac{1}{32}$ 时, 由式 (3.17) 得到 KdV 方程族的第二个高阶约束流[51]

$$u_{xxxx} + 5u_x^2 + 10uu_{xx} + 10u^3 = \frac{1}{2}\langle \Phi_1, \Phi_1 \rangle \tag{3.23a}$$

$$\phi_{1j,x} = \phi_{2j}, \quad \phi_{2j,x} = -(\lambda_j + u)\phi_{1j}, \quad j = 1, 2, \cdots, N \tag{3.23b}$$

令 $q_1 = u$, $q_2 = u_x$, $p_1 = -u_{xxx} - 10uu_x$, $p_2 = u_{xx}$, 式 (3.23) 化为有限维可积的 Hamilton 系统 (3.19), 其中

$$H = \frac{1}{2}\langle \Phi_2, \Phi_2 \rangle + \frac{1}{2}\langle \Lambda \Phi_1, \Phi_1 \rangle + \frac{1}{2}q_1\langle \Phi_1, \Phi_1 \rangle + \frac{1}{2}p_2^2 + q_2 p_1 + 5q_1 q_2^2 - \frac{5}{2}q_1^4$$

现在考虑 Lax 矩阵 $N^{(2)}$ 的 Rosochatius 形变 $\tilde{N}^{(2)}$, 其元素为

$$\tilde{A}(\lambda) = A(\lambda), \quad \tilde{B}(\lambda) = B(\lambda), \quad \tilde{C}(\lambda) = C(\lambda) + \frac{1}{16}\sum_{j=1}^{N}\frac{\mu_j}{(\lambda - \lambda_j)\phi_{1j}^2}$$

不难发现 $\tilde{A}(\lambda)$, $\tilde{B}(\lambda)$ 和 $\tilde{C}(\lambda)$ 仍然保持 Poisson 括号 (式 (3.21) 和式 (3.22)).

直接计算得

$$\tilde{A}^2(\lambda) + \tilde{B}(\lambda)\tilde{C}(\lambda) = -\lambda^3 + P_0 + \sum_{j=1}^{N}\frac{P_j}{\lambda - \lambda_j} - \frac{1}{256}\sum_{j=1}^{N}\frac{\mu_j}{(\lambda - \lambda_j)^2} \tag{3.24}$$

其中

$$P_0 = \frac{1}{16}\left(\langle \Phi_2, \Phi_2 \rangle + \langle \Lambda \Phi_1, \Phi_1 \rangle + q_1\langle \Phi_1, \Phi_1 \rangle + 2q_1^3 + p_1^2 + \sum_{j=1}^{N}\frac{\mu_j}{\phi_{1j}^2}\right)$$

$$P_j = \frac{p_1}{32}\phi_{1j}\phi_{2j} + \frac{1}{16}\left(\lambda_j - \frac{q_1}{2}\right)\left(\phi_{2j}^2 + \frac{\mu_j}{\phi_{1j}^2}\right)$$

$$+ \frac{1}{16}\left(\lambda_j^2 + \frac{q_1}{2}\lambda_j + \frac{1}{16}\langle \Phi_1, \Phi_1 \rangle + \frac{q_1^2}{4}\right)\phi_{1j}^2$$

$$+ \frac{1}{256} \sum_{k \neq j} \frac{1}{\lambda_j - \lambda_k} \left[2\phi_{1j}\phi_{1k}\phi_{2j}\phi_{2k} - \phi_{1j}^2 \left(\phi_{2k}^2 + \frac{\mu_k}{\phi_{1k}^2} \right) - \phi_{1k}^2 \left(\phi_{2j}^2 + \frac{\mu_j}{\phi_{1j}^2} \right) \right],$$

$$j = 1, \cdots, N \qquad (3.25)$$

取 $8P_0 = \tilde{H}$ 作为新的 Hamilton 函数, 得到下面的 Hamilton 系统:

$$q_{1x} = p_1, \ p_{1x} = -\frac{1}{2}\langle \Phi_1, \Phi_1 \rangle - 3q_1^2 \qquad (3.26a)$$

$$\phi_{1j,x} = \phi_{2j}, \ \phi_{2j,x} = -\lambda_j \phi_{1j} - q_1 \phi_{1j} + \frac{\mu_j}{\phi_{1j}^3} \qquad (3.26b)$$

式 (3.26) 是第一个高阶约束流 (3.20) 的 Rosochatius 形变.

由式 (3.4) 得

$$\frac{\mathrm{d}}{\mathrm{d}x} \mathrm{tr}(\tilde{N}^{(2)}(\lambda))^2 = \frac{\mathrm{d}}{\mathrm{d}x}[\tilde{A}^2(\lambda) + \tilde{B}(\lambda)\tilde{C}(\lambda)] = \mathrm{tr}[U, (\tilde{N}^{(2)}(\lambda))^2] = 0 \qquad (3.27)$$

式 (3.27) 表明 P_0, $P_1, \cdots, P_N$ 是 Hamilton 系统 (3.26) 的 $N+1$ 个独立的首次积分. $\tilde{A}(\lambda)$, $\tilde{B}(\lambda)$ 和 $\tilde{C}(\lambda)$ 的 Poisson 括号满足式 (3.22) 说明 $\{P_i, P_j\} = 0$, i, $j = 0, 1, \cdots, N$. 因此高阶约束流 (3.20) 的 Rosochatius 形变 (3.26) 是 Liouville's 意义 [59] 下可积的有限维可积的 Hamilton 系统.

注 3.1 当 $N = 1$, $\lambda_1 = 0$ 时, 由式 (3.26) 得

$$q_{1xx} = -\frac{1}{2}\phi_1^2 - 3q_1^2, \ \phi_{1xx} = -q_1\phi_1 + \frac{\mu_1}{\phi_1^3}$$

这正是推广的著名的可积 Hénon-Heiles 系统[60-62]. 事实上, 式 (3.26) 可看作是 Hénon-Heiles 系统的可积多维扩展.

类似地, 取

$$\tilde{H} = \frac{1}{2}\langle \Phi_2, \Phi_2 \rangle + \frac{1}{2}\langle \Lambda\Phi_1, \Phi_1 \rangle + \frac{1}{2}q_1\langle \Phi_1, \Phi_1 \rangle + \frac{1}{2}p_2^2 + q_2 p_1 + 5q_1 q_2^2 - \frac{5}{2}q_1^4 + \frac{1}{2}\sum_{j=1}^{N} \frac{\mu_j}{\phi_{1j}^2}$$

可得到第二个高阶约束流 (3.23) 的 Rosochatius 形变

$$q_{1x} = q_2, \ q_{2x} = p_2, \ p_{1x} = 10q_1^3 - 5q_2^2 - \frac{1}{2}\langle \Phi_1, \Phi_1 \rangle, \ p_{2x} = -10q_1 q_2 - p_1 \qquad (3.28a)$$

$$\phi_{1j,x} = \phi_{2j}, \ \phi_{2j,x} = -\lambda_j \phi_{1j} - q_1 \phi_{1j} + \frac{\mu_j}{\phi_{1j}^3} \qquad (3.28b)$$

同样地, 式 (3.28) 可化为一个有限维可积的 Hamilton 系统.

一般地, 由下面的 Hamilton 函数可生成高阶约束流 (3.19) 的 Rosochatius 形变

$$\tilde{H} = \sum_{i=1}^{n-1} q_{i,x} p_i - H_n + \frac{1}{2}\langle \Phi_2, \Phi_2\rangle + \frac{1}{2}\langle \Lambda\Phi_1, \Phi_1\rangle + \frac{1}{2}q_1\langle \Phi_1, \Phi_1\rangle + \frac{1}{2}\sum_{j=1}^{N}\frac{\mu_j}{\phi_{1j}^2} \quad (3.29)$$

带自相容源的 KdV 方程族为[24,54,63]

$$u_{t_n} = \partial\left[\frac{\delta H_n}{\delta u} - \alpha\sum_{j=1}^{N}\frac{\delta\lambda_j}{\delta u}\right] \equiv \partial\left[-2b_{n+1} - \alpha\sum_{j=1}^{N}\phi_{1j}^2\right] \quad (3.30a)$$

$$\phi_{1j,x} = \phi_{2j}, \ \phi_{2j,x} = -(\lambda_j + u)\phi_{1j}, \ j = 1,2,\cdots,N \quad (3.30b)$$

由于高阶约束流 (3.17) 恰好是带自相容源的 KdV 方程族 (3.30) 的静态方程, 很显然式 (3.6) 是其零曲率表示, 其中

$$N^{(n)} = \sum_{i=1}^{n}\begin{bmatrix} a_i & b_i \\ c_i & -a_i \end{bmatrix}\lambda^{n-i} + \begin{bmatrix} 0 & 0 \\ b_{n+1} + \dfrac{\alpha}{2}\sum_{j=1}^{N}\phi_{1j}^2 & 0 \end{bmatrix}$$

$$+ \frac{\alpha}{2}\sum_{j=1}^{N}\frac{1}{\lambda - \lambda_j}\begin{bmatrix} \phi_{1j}\phi_{2j} & -\phi_{1j}^2 \\ \phi_{2j}^2 & -\phi_{1j}\phi_{2j} \end{bmatrix} \quad (3.31)$$

当 $n = 2$, $\alpha = \dfrac{1}{8}$ 时, 由方程 (3.30) 得到带自相容源的 KdV 方程[63]

$$u_t = -\frac{1}{4}(u_{xxx} + 6uu_x) - \frac{1}{8}\sum_{j=1}^{N}(\phi_{1j}^2)_x \quad (3.32a)$$

$$\phi_{1j,x} = \phi_{2j}, \ \phi_{2j,x} = -(\lambda_j + u)\phi_{1j}, \ j = 1,2,\cdots,N \quad (3.32b)$$

根据式 (3.26), 可得到带自相容源的 KdV 方程的 Rosochatius 形变

$$u_t = -\frac{1}{4}(u_{xxx} + 6uu_x) - \frac{1}{8}\sum_{j=1}^{N}(\phi_{1j}^2)_x \quad (3.33a)$$

$$\phi_{1j,x} = \phi_{2j}, \ \phi_{2j,x} = -(\lambda_j + u)\phi_{1j} + \frac{\mu_j}{\phi_{1j}^3}, \ j = 1,\cdots,N \quad (3.33b)$$

其具有零曲率 (3.6), 其中 $N^{(2)}$ 为

$$N^{(2)} = \begin{bmatrix} \dfrac{u_x}{4} & \lambda - \dfrac{u}{2} \\ -\lambda^2 - \dfrac{u}{2}\lambda + \dfrac{1}{4}u_{xx} + \dfrac{1}{2}u^2 + \dfrac{1}{16}\sum_{j=1}^{N}\phi_{1j}^2 & -\dfrac{u_x}{4} \end{bmatrix}$$

$$+ \frac{1}{16}\sum_{j=1}^{N}\frac{1}{\lambda - \lambda_j} \begin{bmatrix} \phi_{1j}\phi_{2j} & -\phi_{1j}^2 \\ \phi_{2j}^2 + \dfrac{\mu_j}{\phi_{1j}^2} & -\phi_{1j}\phi_{2j} \end{bmatrix} \tag{3.34}$$

注 3.2 系统 (3.33) 的静态方程是有限维可积的 Hamilton 系统, 且具有零曲率表示 (3.6), 这说明 Rosochatius 形变的带自相容源的 KdV 方程是可积的.

一般地, 带自相容源的 KdV 方程族的 Rosochatius 形变为

$$u_{t_n} = \partial\left[\frac{\delta H_n}{\delta u} - \frac{2}{4^n}\sum_{j=1}^{N}\phi_{1j}^2\right] \tag{3.35a}$$

$$\phi_{1j,x} = \phi_{2j}, \quad \phi_{2j,x} = -(\lambda_j + u)\phi_{1j} + \frac{\mu_j}{\phi_{1j}^3}, \quad j = 1, 2, \cdots, N \tag{3.35b}$$

其具有零曲率表示 (3.6), 其中 $N^{(n)}$ 为

$$N^{(n)} = \sum_{i=1}^{n}\begin{bmatrix} a_i & b_i \\ c_i & -a_i \end{bmatrix}\lambda^{n-i} + \begin{bmatrix} 0 & 0 \\ b_{n+1} + \dfrac{1}{4^n}\sum_{j=1}^{N}\phi_{1j}^2 & 0 \end{bmatrix}$$

$$+ \frac{1}{4^n}\sum_{j=1}^{N}\frac{1}{\lambda - \lambda_j}\begin{bmatrix} \phi_{1j}\phi_{2j} & -\phi_{1j}^2 \\ \phi_{2j}^2 + \dfrac{\mu_j}{\phi_{1j}^2} & -\phi_{1j}\phi_{2j} \end{bmatrix}$$

3.3 带源形变 AKNS 方程族的 Rosochatius 形变

考虑 AKNS 特征值问题[57]

$$\begin{bmatrix} \phi_1 \\ \phi_2 \end{bmatrix}_x = U\begin{bmatrix} \phi_1 \\ \phi_2 \end{bmatrix}, \quad U = \begin{bmatrix} -\lambda & q \\ r & \lambda \end{bmatrix}$$

及特征函数的演化方程

$$\begin{bmatrix} \phi_1 \\ \phi_2 \end{bmatrix}_{t_n} = V^{(n)}\begin{bmatrix} \phi_1 \\ \phi_2 \end{bmatrix}, \quad V^{(n)} = \sum_{i=1}^{n}\begin{bmatrix} a_i & b_i \\ c_i & -a_i \end{bmatrix}\lambda^{n-i}$$

可得到相应的 AKNS 方程族

$$u_{t_n} = \begin{bmatrix} q \\ r \end{bmatrix}_{t_n} = J \begin{bmatrix} c_{n+1} \\ b_{n+1} \end{bmatrix} = J \frac{\delta H_{n+1}}{\delta u}$$

其中

$$a_0 = -1,\ b_0 = c_0 = 0,\ a_1 = 0,\ b_1 = q,\ c_1 = r, \cdots$$

$$\begin{bmatrix} c_{n+1} \\ b_{n+1} \end{bmatrix} = L^n \begin{bmatrix} r \\ q \end{bmatrix},\ L = \frac{1}{2} \begin{bmatrix} \partial - 2r\partial^{-1}q & 2r\partial^{-1}r \\ -2q\partial^{-1}q & -\partial + 2q\partial^{-1}r \end{bmatrix}$$

$$a_{n,x} = qc_n - rb_n,\ H_n = \frac{2}{n} a_{n+1},\ J = \begin{bmatrix} 0 & -2 \\ 2 & 0 \end{bmatrix}$$

由特征值问题可得

$$\frac{\delta\lambda}{\delta q} = \frac{1}{2}\phi_2^2,\ \frac{\delta\lambda}{\delta r} = -\frac{1}{2}\phi_1^2$$

AKNS 方程族的高阶约束流为[25,54]

$$\frac{\delta H_{n+1}}{\delta u} - \frac{1}{2}\sum_{j=1}^{N} \frac{\delta\lambda_j}{\delta u} = \begin{bmatrix} c_{n+1} \\ b_{n+1} \end{bmatrix} - \frac{1}{4}\begin{bmatrix} \langle \Phi_2, \Phi_2 \rangle \\ -\langle \Phi_1, \Phi_1 \rangle \end{bmatrix} = 0 \tag{3.36a}$$

$$\phi_{1j,x} = -\lambda_j\phi_{1j} + q\phi_{2j},\ \phi_{2j,x} = \lambda_j\phi_{2j} + r\phi_{1j},\ j = 1, 2, \cdots, N \tag{3.36b}$$

当 $n = 2$ 时, 由式 (3.36) 得到 AKNS 方程族的第一个高阶约束流

$$-q_{xx} + 2q^2 r - \sum_{j=1}^{N} \phi_{1j}^2 = 0,\ r_{xx} - 2qr^2 - \sum_{j=1}^{N} \phi_{2j}^2 = 0 \tag{3.37a}$$

$$\phi_{1j,x} = -\lambda_j\phi_{1j} + q\phi_{2j},\ \phi_{2j,x} = \lambda_j\phi_{2j} + r\phi_{1j},\ j = 1, 2, \cdots, N \tag{3.37b}$$

令 $q_1 = q,\ q_2 = r,\ p_1 = -\frac{1}{2}r_x,\ p_2 = -\frac{1}{2}q_x,\ Q = (\phi_{11}, \phi_{12}, \cdots, \phi_{1N}, q_1, q_2)^{\mathrm{T}},\ P = (\phi_{21}, \phi_{22}, \cdots, \phi_{2N}, p_1, p_2)^{\mathrm{T}}$. 式 (3.37) 可化为有限维可积的 Hamilton 系统 (3.19), 其中

$$H = -\langle \Lambda\Phi_1, \Phi_2 \rangle + \frac{q_1}{2}\langle \Phi_2, \Phi_2 \rangle - \frac{q_2}{2}\langle \Phi_1, \Phi_1 \rangle + \frac{1}{2}q_1^2 q_2^2 - 2p_1 p_2$$

式 (3.37) 具有 Lax 表示 (3.4), 其中 Lax 矩阵 $N^{(2)}$ 的元素为

$$A(\lambda) = -2\lambda^2 + q_1 q_2 + \frac{1}{2}\sum_{j=1}^{N} \frac{\phi_{1j}\phi_{2j}}{\lambda - \lambda_j}$$

$$B(\lambda) = 2\lambda q_1 + 2p_2 - \frac{1}{2} \sum_{j=1}^{N} \frac{\phi_{1j}^2}{\lambda - \lambda_j}$$

$$C(\lambda) = 2\lambda q_2 - 2p_1 + \frac{1}{2} \sum_{j=1}^{N} \frac{\phi_{2j}^2}{\lambda - \lambda_j}$$

根据 Poisson 括号的定义计算得

$$\{A(\lambda), A(\mu)\} = \{B(\lambda), B(\mu)\} = \{C(\lambda), C(\mu)\} = 0$$

$$\{A(\lambda), B(\mu)\} = \frac{B(\lambda) - B(\mu)}{\lambda - \mu}, \{A(\lambda), C(\mu)\} = \frac{C(\mu) - C(\lambda)}{\lambda - \mu} \tag{3.38}$$

$$\{B(\lambda), C(\mu)\} = \frac{2[A(\lambda) - A(\mu)]}{\lambda - \mu}$$

由此可知式 (3.22) 成立.

现在考虑 Lax 矩阵 $N^{(2)}$ 的 Rosochatius 形变 $\tilde{N}^{(2)}$

$$\tilde{A}(\lambda) = A(\lambda), \ \tilde{B}(\lambda) = B(\lambda), \ \tilde{C}(\lambda) = C(\lambda) + \frac{1}{2} \sum_{j=1}^{N} \frac{\mu_j}{(\lambda - \lambda_j)\phi_{1j}^2} \tag{3.39}$$

易见 $\tilde{N}^{(2)}$ 的元素仍然保持式 (3.22) 和式 (3.38).

直接计算得

$$\tilde{A}^2(\lambda) + \tilde{B}(\lambda)\tilde{C}(\lambda) = 4\lambda^4 + P_0\lambda + P_1 + \sum_{j=1}^{N} \frac{P_j}{\lambda - \lambda_j} - \frac{1}{4} \sum_{j=1}^{N} \frac{\mu_j}{(\lambda - \lambda_j)^2} \tag{3.40}$$

其中

$$P_0 = -4q_1p_1 + 4q_2p_2 - 2\langle \Phi_1, \Phi_2 \rangle$$

$$P_1 = -4p_1p_2 + q_1^2 q_2^2 + q_1 \left(\langle \Phi_2, \Phi_2 \rangle + \sum_{j=1}^{N} \frac{\mu_j}{\phi_{1j}^2} \right) - q_2 \langle \Phi_1, \Phi_1 \rangle - 2\langle \Lambda\Phi_1, \Phi_2 \rangle$$

$$P_{j+1} = (\lambda_j q_1 + p_2)\left(\phi_{2j}^2 + \frac{\mu_j}{\phi_{1j}^2} \right) - (\lambda_j q_2 - p_1)\phi_{1j}^2 + (q_1 q_2 - 2\lambda_j^2)\phi_{1j}\phi_{2j} \tag{3.41}$$

$$+ \frac{1}{4} \sum_{k \neq j} \frac{1}{\lambda_j - \lambda_k} \left[2\phi_{1j}\phi_{2j}\phi_{1k}\phi_{2k} - \phi_{1j}^2 \left(\phi_{2k}^2 + \frac{\mu_k}{\phi_{1k}^2} \right) \right.$$

$$\left. - \phi_{1k}^2 (\phi_{2j}^2 + \frac{\mu_j}{\phi_{1j}^2}) \right], j = 1, \cdots, N$$

选取 $\dfrac{1}{2}P_1 = \tilde{H}$ 作为 Hamilton 函数, 得到下面的 Hamilton 系统:

$$q_{1x} = -2p_2, \quad q_{2x} = -2p_1 \tag{3.42a}$$

$$p_{1x} = -\frac{1}{2}\langle \Phi_2, \Phi_2 \rangle - \sum_{j=1}^{N} \frac{\mu_j}{2\phi_{1j}^3} - q_2^2 q_1, \quad p_{2x} = \frac{1}{2}\langle \Phi_1, \Phi_1 \rangle - q_1^2 q_2 \tag{3.42b}$$

$$\phi_{1j,x} = -\lambda_j \phi_{1j} + q_1 \phi_{2j}, \quad \phi_{2j,x} = \lambda_j \phi_{2j} + q_2 \phi_{1j} + \frac{\mu_j q_1}{\phi_{1j}^3}, \quad j = 1, \cdots, N \tag{3.42c}$$

系统 (3.42) 具有 Lax 表示 (3.4) (其中 $N^{(2)}$ 替换为 $\tilde{N}^{(2)}$). 式 (3.22) 和式 (3.27) 说明 $P_0, P_1, \cdots, P_{N+1}$ 是 $N+2$ 个独立的首次积分, 因此系统 (3.42) 是有限维可积的 Hamilton 系统[59].

与上一节类似, 一般地, 系统 (3.36) 可化为有限维可积的 Hamilton 系统 (3.19), 其中

$$H = \sum_{i=1}^{n} q_{i,x} p_i - H_{n+1} - \langle \Lambda \Phi_1, \Phi_2 \rangle + \frac{q_1}{2}\langle \Phi_2, \Phi_2 \rangle - \frac{q_2}{2}\langle \Phi_1, \Phi_1 \rangle$$

则由下面的 Hamilton 函数可生成高阶约束流 (3.36) 的 Rosochatius 形变

$$\tilde{H} = \sum_{i=1}^{n} q_{i,x} p_i - H_{n+1} - \langle \Lambda \Phi_1, \Phi_2 \rangle + \frac{q_1}{2}\langle \Phi_2, \Phi_2 \rangle - \frac{q_2}{2}\langle \Phi_1, \Phi_1 \rangle + \frac{1}{2}\sum_{j=1}^{N} \frac{\mu_j q_1}{\phi_{1j}^2} \tag{3.43}$$

带自相容源的 AKNS 方程为[54]

$$\begin{bmatrix} q \\ r \end{bmatrix}_{t_n} = J\left[\frac{\delta H_{n+1}}{\delta u} - \frac{1}{2}\sum_{j=1}^{N} \frac{\delta \lambda_j}{\delta u} \right] = J\left[\begin{bmatrix} c_{n+1} \\ b_{n+1} \end{bmatrix} - \frac{1}{4}\begin{bmatrix} \langle \Phi_2, \Phi_2 \rangle \\ -\langle \Phi_1, \Phi_1 \rangle \end{bmatrix} \right] \tag{3.44a}$$

$$\phi_{1j,x} = -\lambda_j \phi_{1j} + q\phi_{2j}, \quad \phi_{2j,x} = \lambda_j \phi_{2j} + r\phi_{1j}, \quad j = 1, 2, \cdots, N \tag{3.44b}$$

当 $n = 2$ 时, 得到带自相容源的 AKNS 方程[54]

$$2q_t = -q_{xx} + 2q^2 r - \sum_{j=1}^{N} \phi_{1j}^2, \quad 2r_t = r_{xx} - 2qr^2 - \sum_{j=1}^{N} \phi_{2j}^2 \tag{3.45a}$$

$$\phi_{1j,x} = -\lambda_j \phi_{1j} + q\phi_{2j}, \quad \phi_{2j,x} = \lambda_j \phi_{2j} + r\phi_{1j}, \quad j = 1, \cdots, N \tag{3.45b}$$

由式 (3.42), 得到带自相容源的 AKNS 方程的 Rosochatius 形变

$$2q_t = -q_{xx} + 2q^2 r - \sum_{j=1}^{N} \phi_{1j}^2, \quad 2r_t = r_{xx} - 2qr^2 - \sum_{j=1}^{N} \phi_{2j}^2 - \sum_{j=1}^{N} \frac{\mu_j}{\phi_{1j}^2} \tag{3.46a}$$

$$\phi_{1j,x} = -\lambda_j\phi_{1j} + q\phi_{2j}, \quad \phi_{2j,x} = \lambda_j\phi_{2j} + r\phi_{1j} + \frac{\mu_j q}{\phi_{1j}^3}, \quad j = 1,\cdots,N \quad (3.46b)$$

式 (3.46) 具有零曲率表示 (3.6), 其中 $N^{(2)}$ 为

$$N^{(2)} = \begin{bmatrix} -2\lambda^2 + qr & 2\lambda q - q_x \\ 2\lambda r + r_x & 2\lambda^2 - qr \end{bmatrix} + \frac{1}{2}\sum_{j=1}^{N}\frac{1}{\lambda - \lambda_j}\begin{bmatrix} \phi_{1j}\phi_{2j} & -\phi_{1j}^2 \\ \phi_{2j}^2 + \frac{\mu_j}{\phi_{1j}^2} & -\phi_{1j}\phi_{2j} \end{bmatrix} \quad (3.47)$$

一般地, 带自相容源的 AKNS 方程族的可积 Rosochatius 形变为

$$\begin{bmatrix} q \\ r \end{bmatrix}_{t_n} = J\left[\begin{bmatrix} c_{n+1} \\ b_{n+1} \end{bmatrix} - \frac{1}{4}\begin{bmatrix} \langle\Phi_2,\Phi_2\rangle + \sum_{j=1}^{N}\frac{\mu_j}{\phi_{1j}^2} \\ -\langle\Phi_1,\Phi_1\rangle \end{bmatrix}\right] \quad (3.48a)$$

$$\phi_{1j,x} = -\lambda_j\phi_{1j} + q\phi_{2j}, \quad \phi_{2j,x} = \lambda_j\phi_{2j} + r\phi_{1j} + \frac{\mu_j q}{\phi_{1j}^3}, \quad j = 1,2,\cdots,N \quad (3.48b)$$

其具有零曲率表示 (3.6), 其中 $N^{(n)}$ 为

$$N^{(n)} = V^{(n)} + \frac{1}{2}\sum_{j=1}^{N}\frac{1}{\lambda - \lambda_j}\begin{bmatrix} \phi_{1j}\phi_{2j} & -\phi_{1j}^2 \\ \phi_{2j}^2 + \frac{\mu_j}{\phi_{1j}^2} & -\phi_{1j}\phi_{2j} \end{bmatrix}$$

注 3.3 与 Rosochatius 形变的带自相容源的 KdV 方程族不同的是, Rosochatius 形变的带自相容源的 AKNS 方程族的形变项既出现在式 (3.48a) 中, 也出现在式 (3.48b) 中.

3.4 带源形变 mKdV 方程族的 Rosochatius 形变

考虑 mKdV 谱问题[64]

$$\begin{bmatrix} \phi_1 \\ \phi_2 \end{bmatrix}_x = U\begin{bmatrix} \phi_1 \\ \phi_2 \end{bmatrix}, \quad U = \begin{bmatrix} -u & \lambda \\ \lambda & u \end{bmatrix}$$

及特征函数的演化方程

$$\begin{bmatrix} \phi_1 \\ \phi_2 \end{bmatrix}_{t_n} = V^{(n)}\begin{bmatrix} \phi_1 \\ \phi_2 \end{bmatrix}, \quad V^{(n)} = \sum_{i=1}^{n-1}\begin{bmatrix} a_i\lambda & b_i \\ c_i & -a_i\lambda \end{bmatrix}\lambda^{2n-2i-3} + \begin{bmatrix} a_n & 0 \\ 0 & -a_n \end{bmatrix}$$

由此可得到 mKdV 方程族

$$u_{t_n} = -\partial a_n = \partial \frac{\delta H_n}{\delta u}$$

其中

$$a_0 = 0, \ b_0 = c_0 = 1, \ a_1 = -u, \ b_1 = -\frac{u^2}{2} + \frac{u_x}{2}, \ c_1 = -\frac{u^2}{2} - \frac{u_x}{2}, \cdots$$

$$a_{n+1} = La_n, \ L = \frac{1}{4}\partial^2 - u\partial^{-1}u\partial$$

$$b_n = \partial^{-1}u\partial a_n - \frac{1}{2}a_{nx}, \ c_n = \partial^{-1}u\partial a_n + \frac{1}{2}a_{nx}$$

由谱问题可得

$$\frac{\delta\lambda}{\delta u} = \frac{1}{2}\phi_1\phi_2$$

mKdV 方程族的高阶约束流为

$$\frac{\delta H_n}{\delta u} + 2\sum_{j=1}^{N}\frac{\delta\lambda_j}{\delta u} \equiv -a_n + \sum_{j=1}^{N}\phi_{1j}\phi_{2j} = 0 \tag{3.49a}$$

$$\phi_{1j,x} = -u\phi_{1j} + \lambda_j\phi_{2j}, \ \phi_{2j,x} = \lambda_j\phi_{1j} + u\phi_{2j}, \ j = 1, 2, \cdots, N \tag{3.49b}$$

在式 (3.49) 中, 当 $n = 2$ 时得到第一个高阶约束流

$$u_{xx} - 2u^3 = -4\sum_{j=1}^{N}\phi_{1j}\phi_{2j} = -4\langle\Phi_1, \Phi_2\rangle \tag{3.50a}$$

$$\phi_{1j,x} = \lambda_j\phi_{2j} - u\phi_{1j}, \ \phi_{2j,x} = \lambda_j\phi_{1j} + u\phi_{2j}, \ j = 1, \cdots, N \tag{3.50b}$$

令 $q_1 = u, \ p_1 = -\dfrac{u_x}{4}$, 式 (3.50) 化为有限维可积的 Hamilton 系统 (3.19), 其中

$$H = -q_1\langle\Phi_1, \Phi_2\rangle + \frac{1}{2}\langle\Lambda\Phi_2, \Phi_2\rangle - \frac{1}{2}\langle\Lambda\Phi_1, \Phi_1\rangle - 2p_1^2 + \frac{1}{8}q_1^4$$

且其具有 Lax 表示 (3.4), Lax 矩阵 $N^{(2)}$ 的元素为

$$A(\lambda) = -q_1\lambda + \sum_{j=1}^{N}\frac{\lambda\phi_{1j}\phi_{2j}}{\lambda^2 - \lambda_j^2}$$

$$B(\lambda) = \lambda^2 - \frac{1}{2}q_1^2 - 2p_1 - \sum_{j=1}^{N} \frac{\lambda_j \phi_{1j}^2}{\lambda^2 - \lambda_j^2} \tag{3.51}$$

$$C(\lambda) = \lambda^2 - \frac{1}{2}q_1^2 + 2p_1 + \sum_{j=1}^{N} \frac{\lambda_j \phi_{2j}^2}{\lambda^2 - \lambda_j^2}$$

根据 Poisson 括号的定义, 直接计算得

$$\{A(\lambda), A(\mu)\} = \{B(\lambda), B(\mu)\} = \{C(\lambda), C(\mu)\} = 0$$

$$\{A(\lambda), B(\mu)\} = 2\lambda \frac{B(\lambda) - B(\mu)}{\lambda^2 - \mu^2}, \quad \{A(\lambda), C(\mu)\} = 2\lambda \frac{C(\lambda) - C(\mu)}{\mu^2 - \lambda^2}$$

$$\{B(\lambda), C(\mu)\} = \frac{4[A(\mu)\mu - A(\lambda)\lambda]}{\mu^2 - \lambda^2} \tag{3.52}$$

由此知式 (3.22) 成立.

下面考虑 Lax 矩阵 $N^{(2)}$ 的可积 Rosochatius 形变 $\tilde{N}^{(2)}$

$$\tilde{A}(\lambda) = A(\lambda), \ \tilde{B}(\lambda) = B(\lambda), \ \tilde{C}(\lambda) = C(\lambda) + \sum_{j=1}^{N} \frac{\mu_j \lambda_j}{(\lambda^2 - \lambda_j^2)\phi_{1j}^2} \tag{3.53}$$

不难发现 $\tilde{N}^{(2)}$ 中的元素仍然保持式 (3.22) 和式 (3.52) 的关系. 直接计算得

$$\tilde{A}^2(\lambda) + \tilde{B}(\lambda)\tilde{C}(\lambda) = \lambda^4 + P_0 + \sum_{j=1}^{N} \frac{P_j}{\lambda^2 - \lambda_j^2} - \sum_{j=1}^{N} \frac{\lambda_j \mu_j}{(\lambda^2 - \lambda_j^2)^2} \tag{3.54}$$

其中

$$P_0 = -2q_1\langle \Phi_1, \Phi_2 \rangle + \langle \Lambda\Phi_2, \Phi_2 \rangle - \langle \Lambda\Phi_1, \Phi_1 \rangle + \sum_{j=1}^{N} \frac{\lambda_j \mu_j}{\phi_{1j}^2} + \frac{1}{4}q_1^4 - 4p_1^2$$

$$P_j = -2q_1\lambda_j^2\phi_{1j}\phi_{2j} + \lambda_j^3\left(\phi_{2j}^2 + \frac{\mu_j}{\phi_{1j}^2}\right) - \left(\frac{1}{2}q_1^2 + 2p_1\right)\left(\lambda_j\phi_{2j}^2 + \frac{\lambda_j\mu_j}{\phi_{1j}^2}\right) - \lambda_j^3\phi_{1j}^2$$

$$+ \left(\frac{1}{2}q_1^2 - 2p_1\right)\lambda_j\phi_{1j}^2 - \sum_{k\neq j} \frac{1}{\lambda_j^2 - \lambda_k^2}\left[2\lambda_j^2\phi_{1j}\phi_{2j}\phi_{1k}\phi_{2k}\right. \tag{3.55}$$

$$\left. + \lambda_j\lambda_k\phi_{1j}^2\left(\phi_{2k}^2 + \frac{\mu_k}{\phi_{1k}^2}\right) + \lambda_j\lambda_k\phi_{1k}^2\left(\phi_{2j}^2 + \frac{\mu_j}{\phi_{1j}^2}\right)\right]$$

取 $\frac{1}{2}P_0 = \tilde{H}$ 作为 Hamilton 函数, 得到如下 Hamilton 系统:

$$q_{1x} = -4p_1, \ p_{1x} = \langle \Phi_1, \Phi_2 \rangle - \frac{1}{2}q_1^3 \tag{3.56a}$$

$$\phi_{1j,x} = \lambda_j\phi_{2j} - q_1\phi_{1j}, \quad \phi_{2j,x} = \lambda_j\phi_{1j} + q_1\phi_{2j} + \frac{\lambda_j\mu_j}{\phi_{1j}^3}, \quad j = 1, \cdots, N \qquad (3.56b)$$

式 (3.56) 具有 Lax 表示 (3.4) (其中 $N^{(2)}$ 替换为 $\tilde{N}^{(2)}$) 且可化为有限维可积的 Hamilton 系统.

类似地, 式 (3.49) 可化为具有 $N+1$ 个独立首次积分 P_0, P_1, $\cdots$, P_N 的有限维可积 Hamilton 系统 (3.19), 其 Hamilton 函数为

$$H = \sum_{i=1}^{n-1} q_{i,x}p_i - H_n - q_1\langle\Phi_1, \Phi_2\rangle + \frac{1}{2}\langle\Lambda\Phi_2, \Phi_2\rangle - \frac{1}{2}\langle\Lambda\Phi_1, \Phi_1\rangle$$

高阶约束流 (3.49) 的可积 Rosochatius 形变可由如下 Hamilton 函数生成:

$$\tilde{H} = \sum_{i=1}^{n-1} q_{i,x}p_i - H_n - q_1\langle\Phi_1, \Phi_2\rangle + \frac{1}{2}\langle\Lambda\Phi_2, \Phi_2\rangle - \frac{1}{2}\langle\Lambda\Phi_1, \Phi_1\rangle + \frac{1}{2}\sum_{j=1}^{N}\frac{\lambda_j\mu_j}{\phi_{1j}^2} \quad (3.57)$$

带自相容源的 mKdV 方程族为

$$u_{t_n} = \partial\left[\frac{\delta H_n}{\delta u} + 2\sum_{j=1}^{N}\frac{\delta\lambda_j}{\delta u}\right] \equiv \partial\left[-a_n + \sum_{j=1}^{N}\phi_{1j}\phi_{2j}\right] \qquad (3.58a)$$

$$\phi_{1j,x} = -u\phi_{1j} + \lambda_j\phi_{2j}, \quad \phi_{2j,x} = \lambda_j\phi_{1j} + u\phi_{2j}, \quad j = 1, 2, \cdots, N \qquad (3.58b)$$

当 $n = 2$ 时, 由式 (3.58) 得到带自相容源的 mKdV 方程:

$$u_t = \frac{u_{xxx}}{4} - \frac{3}{2}u^2u_x + \sum_{j=1}^{N}(\phi_{1j}\phi_{2j})_x \qquad (3.59a)$$

$$\phi_{1j,x} = \lambda_j\phi_{2j} - u\phi_{1j}, \quad \phi_{2j,x} = \lambda_j\phi_{1j} + u\phi_{2j}, \quad j = 1, \cdots, N \qquad (3.59b)$$

根据式 (3.56), 带自相容源的 mKdV 方程的可积 Rosochatius 形变为

$$u_t = \frac{u_{xx}}{4} - \frac{3}{2}u^2u_x + \sum_{j=1}^{N}(\phi_{1j}\phi_{2j})_x \qquad (3.60a)$$

$$\phi_{1j,x} = \lambda_j\phi_{2j} - u\phi_{1j}, \quad \phi_{2j,x} = \lambda_j\phi_{1j} + u\phi_{2j} + \frac{\lambda_j\mu_j}{\phi_{1j}^3}, \quad j = 1, \cdots, N \qquad (3.60b)$$

其具有零曲率表示 (3.6), 其中 $N^{(2)}$ 为

$$
N^{(2)} = \begin{bmatrix} -u\lambda^2 - \dfrac{u_{xx}}{4} + \dfrac{u^3}{2} & \lambda^3 - \left(\dfrac{u^2}{2} - \dfrac{u_x}{2} \right)\lambda \\[3mm] \lambda^3 - \left(\dfrac{u^2}{2} + \dfrac{u_x}{2} \right)\lambda & u\lambda^2 + \dfrac{u_{xx}}{4} - \dfrac{u^3}{2} \end{bmatrix} + \begin{bmatrix} -\displaystyle\sum_{j=1}^{N} \phi_{1j}\phi_{2j} & 0 \\[3mm] 0 & \displaystyle\sum_{j=1}^{N} \phi_{1j}\phi_{2j} \end{bmatrix}
$$

$$
+ \sum_{j=1}^{N} \frac{\lambda}{\lambda^2 - \lambda_j^2} \begin{bmatrix} \lambda\phi_{1j}\phi_{2j} & -\lambda_j\phi_{1j}^2 \\[3mm] \lambda_j \left(\phi_{2j}^2 + \dfrac{\mu_j}{\phi_{1j}^2} \right) & -\lambda\phi_{1j}\phi_{2j} \end{bmatrix} \tag{3.61}
$$

一般地, 带自相容源的 mKdV 方程族的可积 Rosochatius 形变为

$$
u_{t_n} = \partial \left[\frac{\delta H_n}{\delta u} + 2\sum_{j=1}^{N} \frac{\delta\lambda_j}{\delta u} \right] = \partial \left[-a_n + \sum_{j=1}^{N} \phi_{1j}\phi_{2j} \right] \tag{3.62a}
$$

$$
\phi_{1j,x} = \lambda_j\phi_{2j} - u\phi_{1j}, \quad \phi_{2j,x} = \lambda_j\phi_{1j} + u\phi_{2j} + \frac{\lambda_j\mu_j}{\phi_{1j}^3}, \quad j = 1, \cdots, N \tag{3.62b}
$$

式 (3.62) 具有零曲率表示 (3.6), 其中 $N^{(n)}$ 为

$$
N^{(n)} = \sum_{i=1}^{n-1} \begin{bmatrix} a_i\lambda & b_i \\ c_i & -a_i\lambda \end{bmatrix} \lambda^{2n-2i-3} + \begin{bmatrix} a_n - \displaystyle\sum_{j=1}^{N} \phi_{1j}\phi_{2j} & 0 \\[3mm] 0 & a_n + \displaystyle\sum_{j=1}^{N} \phi_{1j}\phi_{2j} \end{bmatrix}
$$

$$
+ \sum_{j=1}^{N} \frac{\lambda}{\lambda^2 - \lambda_j^2} \begin{bmatrix} \lambda\phi_{1j}\phi_{2j} & -\lambda_j\phi_{1j}^2 \\[3mm] \lambda_j \left(\phi_{2j}^2 + \dfrac{\mu_j}{\phi_{1j}^2} \right) & -\lambda\phi_{1j}\phi_{2j} \end{bmatrix}
$$

第 4 章　KdV6 方程的双 Hamilton 结构及新解

2008 年, Karasu-Kalkanli 等[15] 在对六阶非线性波方程做 Painlevé 分析时发现如下新的方程:

$$(\partial_x^3 + 8u_x\partial_x + 4u_{xx})(u_t + u_{xxx} + 6u_x^2) = 0 \tag{4.1}$$

通过变量变换 $v = u_x$, $w = u_t + u_{xxx} + 6u_x^2$, 方程 (4.1) 化为

$$v_t + v_{xxx} + 12vv_x - w_x = 0 \tag{4.2a}$$

$$w_{xxx} + 8vw_x + 4wv_x = 0 \tag{4.2b}$$

方程 (4.1) 被称为 KdV6 方程. 本章首先证明了 KdV6 方程与 Rosochatius 形变的带源形变的 KdV 方程的等价性, 从而证明了 KdV6 方程的可积性. 进而通过把 t 看作 "空间" 变量, 把 x 看作演化参数, 将 KdV6 方程表述为具有 t-型 Hamilton 算子的无穷维可积的双 Hamilton 结构. 由于 KdV6 方程可看作是 KdV 方程带有非齐次项 w, 且 w 为特征函数的平方, 因此可以用常数变易法对其求解, 得到 KdV6 方程的一些新解.

4.1　KdV6 方程与 Rosochatius 形变的带源形变 KdV 方程的等价性

在式 (4.2) 中对 v, t 做尺度变换得[16]

$$u_t = 6uu_x + u_{xxx} - w_x \tag{4.3a}$$

$$w_{xxx} + 4uw_x + 2wu_x = 0 \tag{4.3b}$$

对 u, t 再做尺度变换并利用 KdV 方程的伽利略不变性, KdV6 方程 (4.3) 被改写为

$$u_t = \frac{1}{4}(u_{xxx} + 6uu_x) - w_x \tag{4.4a}$$

$$w_{xxx} + 4(u - \lambda_1)w_x + 2wu_x = 0 \tag{4.4b}$$

其中, λ_1 为参数.

令

$$w = \varphi^2 \tag{4.5}$$

由式 (4.4b) 得

$$w_{xxx} + 4(u - \lambda_1)w_x + 2wu_x = 2\varphi[\varphi_{xx} + (u - \lambda_1)\varphi]_x + 6\varphi_x[\varphi_{xx} + (u - \lambda_1)\varphi] = 0$$

由此可得

$$\varphi_{xx} + (u - \lambda_1)\varphi = \frac{\mu}{\varphi^3}$$

这里 μ 是积分常数. 因此 KdV6 方程 (4.4) 等价于

$$u_t = \frac{1}{4}(u_{xxx} + 6uu_x) - (\varphi^2)_x \tag{4.6a}$$

$$\varphi_{xx} + (u - \lambda_1)\varphi = \frac{\mu}{\varphi^3} \tag{4.6b}$$

这正是 Rosochatius 形变的带源形变的 KdV 方程[13], 其 Lax 对为

$$\begin{bmatrix} \psi_1 \\ \psi_2 \end{bmatrix}_x = U \begin{bmatrix} \psi_1 \\ \psi_2 \end{bmatrix}, \quad U = \begin{bmatrix} 0 & 1 \\ \lambda - u & 0 \end{bmatrix} \tag{4.7a}$$

$$\begin{bmatrix} \psi_1 \\ \psi_2 \end{bmatrix}_t = N \begin{bmatrix} \psi_1 \\ \psi_2 \end{bmatrix},$$

$$N = \begin{bmatrix} -\dfrac{u_x}{4} & \lambda + \dfrac{u}{2} \\ \lambda^2 - \dfrac{u}{2}\lambda - \dfrac{u_{xx}}{4} - \dfrac{u^2}{2} + \dfrac{1}{2}\varphi^2 & \dfrac{u_x}{4} \end{bmatrix} - \frac{1}{2}\frac{1}{\lambda - \lambda_1} \begin{bmatrix} \varphi\varphi_x & -\varphi^2 \\ \varphi_x^2 + \dfrac{\mu}{\varphi^2} & -\varphi\varphi_x \end{bmatrix} \tag{4.7b}$$

一般地, 我们给出 KdV6 方程的多分量扩展:

$$u_t = \frac{1}{4}(u_{xxx} + 6uu_x) - \sum_{j=1}^{N} w_{jx} \tag{4.8a}$$

$$w_{jxx} + 4(u - \lambda_j)w_{jx} + 2u_x w_j = 0, \ j = 1, 2, \cdots, \cdots N \tag{4.8b}$$

利用变换 $w_j = \varphi_j^2$, 式 (4.8) 可被转化为如下 Rosochatius 形变的带源形变的 KdV 方程:

$$u_t = \frac{1}{4}(u_{xxx} + 6uu_x) - \sum_{j=1}^{N}(\varphi_j^2)_x \tag{4.9a}$$

$$\varphi_{jxx} + (u - \lambda_j)\varphi_j = \frac{\mu_j}{\varphi_j^3}, \ j = 1, 2, \cdots, N \tag{4.9b}$$

其 Lax 对为 (4.7), 其中

$$N = \begin{bmatrix} -\dfrac{u_x}{4} & -\lambda + \dfrac{u}{2} \\[4mm] -\lambda^2 - \dfrac{u}{2}\lambda - \dfrac{u_{xx}}{4} - \dfrac{u^2}{2} + \dfrac{1}{2}\sum_{j=1}^{N}\varphi_j^2 & \dfrac{u_x}{4} \end{bmatrix}$$

$$- \frac{1}{2}\sum_{j=1}^{N}\frac{1}{\lambda - \lambda_j}\begin{bmatrix} \varphi_j\varphi_{jx} & -\varphi_j^2 \\[3mm] \varphi_{jx}^2 + \dfrac{\mu}{\varphi_j^2} & -\varphi_j\varphi_{jx} \end{bmatrix} \tag{4.10}$$

4.2　KdV6 方程的双 Hamilton 结构

本节利用文献 [56], [65] 和 [66] 中的方法构造了 KdV6 方程的双 Hamilton 结构. 首先给出 Rosochatius 形变的带源形变的 KdV 方程和 mKdV 方程的 t-型 Hamilton 公式. 在 Rosochatius 形变的带源形变的 KdV 方程 (4.6) 中, 令

$$\frac{1}{4}u_{xx} + \frac{3}{4}u^2 - \varphi^2 = c, \ q_t = c_x$$

$$q = u, \ p = -\frac{1}{8}u_x, \ Q = \varphi, \ P = \varphi_x, \ R = (Q, q, P, p, c)^{\mathrm{T}} \tag{4.11}$$

则式 (4.6) 成为 x 演化方程且可写为 t-型 Hamilton 系统:

$$R_x = \begin{bmatrix} P \\[2mm] -8p \\[2mm] (\lambda_1 - q)Q + \dfrac{\mu}{Q^3} \\[3mm] \dfrac{3}{8}q^2 - \dfrac{1}{2}Q^2 - \dfrac{1}{2}c \\[3mm] q_t \end{bmatrix} = K_1 = \Pi_0\nabla H_1 \tag{4.12}$$

这里, ∇ 表示变分导数, $\nabla H = \left(\dfrac{\delta H}{\delta Q}, \dfrac{\delta H}{\delta q}, \dfrac{\delta H}{\delta P}, \dfrac{\delta H}{\delta p}, \dfrac{\delta H}{\delta c}\right)^{\mathrm{T}}$, t-型 Poisson 算子 Π_0 和守恒密度 H_1 如下:

$$\Pi_0 = \begin{bmatrix} 0 & 0 & 1 & 0 & 0 \\ 0 & 0 & 0 & 1 & 0 \\ -1 & 0 & 0 & 0 & 0 \\ 0 & -1 & 0 & 0 & 0 \\ 0 & 0 & 0 & 0 & 2\partial_t \end{bmatrix} \tag{4.13a}$$

$$H_1 = \frac{1}{2}P^2 - 4p^2 - \frac{1}{2}\lambda_1 Q^2 + \frac{1}{2}qQ^2 - \frac{1}{8}q^3 + \frac{1}{2}cq + \frac{1}{2}\frac{\mu}{Q^2} \tag{4.13b}$$

Rosochatius 形变的带自相容源的 mKdV 方程为[13]

$$v_t = \frac{1}{4}(v_{xxx} - 6v^2 v_x) + \frac{1}{2}(\bar{\varphi}_1\bar{\varphi}_2)_x \tag{4.14a}$$

$$\bar{\varphi}_{1x} = v\bar{\varphi}_1 + \lambda_1\bar{\varphi}_2, \quad \bar{\varphi}_{2x} = \bar{\varphi}_1 - v\bar{\varphi}_2 + \frac{\mu}{\lambda_1\bar{\varphi}_1{}^3} \tag{4.14b}$$

令

$$\frac{1}{4}(v_{xx} - 2v^3) + \frac{1}{2}\bar{\varphi}_1\bar{\varphi}_2 = -\bar{c}, \ v_t = -\bar{c}_x$$

$$\bar{q} = v, \ \bar{p} = \frac{1}{2}v_x, \ \bar{Q} = \bar{\varphi}_1, \ \bar{P} = \bar{\varphi}_2, \ \bar{R} = (\bar{Q}, \bar{q}, \bar{P}, \bar{p}, \bar{c})^{\mathrm{T}} \tag{4.15}$$

则式 (4.14) 可写成如下 t-型 Hamilton 系统:

$$\bar{R}_x = \begin{bmatrix} \bar{q}\bar{Q} + \lambda_1\bar{P} \\ 2\bar{p} \\ \bar{Q} - \bar{q}\bar{P} + \dfrac{\mu}{\lambda_1\bar{Q}^3} \\ \bar{q}^3 - \bar{Q}\bar{P} - 2\bar{c} \\ -\bar{q}_t \end{bmatrix} = \bar{K}_1 = \bar{\Pi}_0\nabla\bar{H}_1 \tag{4.16}$$

其中, $\nabla\bar{H} = \left(\dfrac{\delta\bar{H}}{\delta\bar{Q}}, \dfrac{\delta\bar{H}}{\delta\bar{q}}, \dfrac{\delta\bar{H}}{\delta\bar{P}}, \dfrac{\delta\bar{H}}{\delta\bar{p}}, \dfrac{\delta\bar{H}}{\delta\bar{c}}\right)^{\mathrm{T}}$, t-型 Poisson 算子 $\bar{\Pi}_0$ 和守恒密度 $\bar{H}_1$ 如下:

$$\bar{\Pi}_0 = \begin{bmatrix} 0 & 0 & 1 & 0 & 0 \\ 0 & 0 & 0 & 1 & 0 \\ -1 & 0 & 0 & 0 & 0 \\ 0 & -1 & 0 & 0 & 0 \\ 0 & 0 & 0 & 0 & -\dfrac{1}{2}\partial_t \end{bmatrix} \tag{4.17a}$$

$$\bar{H}_1 = \bar{q}\bar{P}\bar{Q} + \frac{1}{2}\lambda_1\bar{P}^2 + \bar{p}^2 - \frac{1}{2}\bar{Q}^2 - \frac{1}{4}\bar{q}^4 + 2\bar{c}\bar{q} + \frac{1}{2}\frac{\mu}{\lambda_1\bar{Q}^2} \tag{4.17b}$$

系统 (4.12) 与系统 (4.16) 之间的 Miura 映照, 即 $R = M(\bar{R})$, 为

$$M: \quad Q = \bar{Q}$$

$$q = -\bar{q}^2 - 2\bar{p}$$

$$P = \lambda_1\bar{P} + \bar{q}\bar{Q}$$

$$p = \frac{1}{4}\bar{q}^3 - \frac{1}{2}\bar{c} - \frac{1}{4}\bar{Q}\bar{P} + \frac{1}{2}\bar{q}\bar{p}$$

$$c = \bar{H}_1 - \bar{q}_t \tag{4.18}$$

$$= -\frac{1}{2}\bar{Q}^2 - \frac{1}{4}\bar{q}^4 + \bar{p}^2 + 2\bar{c}\bar{q} + \frac{1}{2}\lambda_1\bar{P}^2 + \bar{q}\bar{Q}\bar{P} + \frac{1}{2}\frac{\mu}{\lambda_1\bar{Q}^2} - \bar{q}_t$$

以上关系可通过直接计算来证明.

记

$$M' \equiv \frac{\mathrm{D}R}{\mathrm{D}\bar{R}^{\mathrm{T}}}$$

其中, $\dfrac{\mathrm{D}R}{\mathrm{D}\bar{R}^{\mathrm{T}}}$ 是由 M 的 Frechet 导数构成的 Jacobi 矩阵, M'^* 表示 M' 的共轭转置. 下面将映照 M 应用于 Rosochatius 形变的带自相容源的 mKdV 方程的第一个 Hamilton 结构 (4.16), 可得到 Rosochatius 形变的带自相容源的 KdV 方程 (4.12) 的第二个 Hamilton 结构

$$\Pi_1 = M'\bar{\Pi}_0 M'^*$$

$$= \begin{bmatrix}
0 & 0 & \lambda_1 & -\frac{1}{4}Q & P \\
0 & 0 & 2Q & -\frac{1}{2}q & -8p + 2\partial_t \\
-\lambda_1 & -2Q & 0 & \frac{1}{4}P & (\lambda_1 - q)Q + \frac{\mu}{Q^3} \\
\frac{1}{4}Q & \frac{1}{2}q & -\frac{1}{4}P & -\frac{1}{8}\partial_t & \frac{3}{8}q^2 - \frac{1}{2}c - \frac{1}{2}Q^2 \\
-P & 8p + 2\partial_t & (q - \lambda_1)Q - \frac{\mu}{Q^3} & -\frac{3}{8}q^2 + \frac{1}{2}c + \frac{1}{2}Q^2 & q\partial_t + \partial_t q
\end{bmatrix}$$

$$\tag{4.19}$$

在变换 (4.5) 和 (4.11) 下, 可给出 KdV6 方程 (4.6) 的双 Hamilton 结构

$$R_x = \Pi_0\frac{\delta H_1}{\delta R} = \Pi_1\frac{\delta H_0}{\delta R}, \quad H_0 = c \tag{4.20}$$

由于 t-型 Possion 算子 Π_0 是可逆的, 可得到递推算子 Φ 为

$$\Phi = \Pi_1(\Pi_0)^{-1}$$

$$
= \begin{bmatrix}
\lambda_1 & -\dfrac{1}{4}Q & 0 & 0 \\[2mm]
2Q & -\dfrac{1}{2}q & 0 & 0 \\[2mm]
0 & \dfrac{1}{4}P & \lambda_1 & 2Q \\[2mm]
-\dfrac{1}{4}P & -\dfrac{1}{8}\partial_t^{-1} & -\dfrac{1}{4}Q & -\dfrac{1}{2}q \\[2mm]
(-\lambda_1+q)Q-\dfrac{\mu}{Q^3} & -\dfrac{3}{8}q^2+\dfrac{1}{2}c+\dfrac{1}{2}Q^2 & P & -8p-2\partial_t
\end{bmatrix}
$$

$$
\begin{matrix}
\dfrac{1}{2}P\partial_t^{-1} \\[2mm]
-4p\partial_t^{-1}+1 \\[2mm]
\dfrac{1}{2}\left[(\lambda_1-q)Q+\dfrac{\mu}{Q^3}\right]\partial_t^{-1} \\[2mm]
\dfrac{1}{2}\left(\dfrac{3}{8}q^2-\dfrac{1}{2}c-\dfrac{1}{2}Q^2\right)\partial_t^{-1} \\[2mm]
\dfrac{1}{2}q+\dfrac{1}{2}\partial_t q\,\partial_t^{-1}
\end{matrix}
\tag{4.21}
$$

由文献 [65] 知 Φ 具有遗传性. 将 Φ 应用到向量域 K_1 (式 (4.12)),可得到一族对称

$$K_n = \Phi^{n-1}K_1 \tag{4.22}$$

及一族无穷维可积的双 Hamilton 系统:

$$R_x = \Phi^{n-1}K_1 = K_n = \Pi_0 \nabla H_n = \Pi_1 \nabla H_{n-1} \tag{4.23}$$

例如

$$
K_2 = \begin{bmatrix}
\lambda_1 P + 2pQ + \dfrac{1}{2}qP \\[2mm]
2Q\bar{P} + q_t \\[2mm]
-2p\bar{P} + \lambda_1^2 Q - \dfrac{1}{2}\lambda_1 Qq + \dfrac{1}{4}q^2 Q - Q^3 - cQ + \dfrac{\lambda_1 \mu}{Q^3} + \dfrac{q\mu}{2Q^3} \\[2mm]
-\dfrac{1}{4}P^2 + p_t + \dfrac{1}{4}qQ^2 - \dfrac{1}{4}\lambda_1 Q^2 - \dfrac{1}{4}\dfrac{\mu}{Q^2} \\[2mm]
2QQ_t + c_t
\end{bmatrix}
$$

$$H_2 = \frac{1}{4}Q^4 + 2pPQ - \frac{1}{8}q^2Q^2 + \frac{1}{4}P^2q + \frac{1}{4}\lambda_1 qQ^2 - \frac{1}{2}\lambda_1^2 Q^2 + \frac{1}{2}\lambda_1 P^2$$

$$+ \frac{\mu q}{4Q^2} + \frac{\mu\lambda_1}{2Q^2} - qp_t + \frac{1}{2}cQ^2 + \frac{1}{4}c^2$$

4.3　KdV6 方程的解

KdV 方程

$$u_t = \frac{1}{4}(u_{xxx} + 6uu_x) \tag{4.24}$$

其 Lax 对为

$$\psi_{xx} + u\psi = \lambda\psi \tag{4.25a}$$

$$\psi_t = -\frac{u_x}{4}\psi + \left(\frac{u}{2} + \lambda\right)\psi_x \tag{4.25b}$$

设函数 $\phi_1, \phi_2, \cdots, \phi_n$ 是系统 (4.25) 对应于 $\lambda = \lambda_1, \lambda_2, \cdots, \lambda_n$ 的 n 个不同的解. 由这些函数可构造两个 Wronskian 行列式

$$W_1 = W(\phi_1, \cdots, \phi_1^{(m_1)}, \phi_2, \cdots, \phi_2^{(m_2)}, \cdots, \phi_n, \cdots, \phi_n^{(m_n)}) \tag{4.26a}$$

$$W_2 = W(\phi_1, \cdots, \phi_1^{(m_1)}, \phi_2, \cdots, \phi_2^{(m_2)}, \cdots, \phi_n, \cdots, \phi_n^{(m_n)}, \psi) \tag{4.26b}$$

其中, $m_i \geqslant 0$ 是给定的数, $\phi_j^{(n)} := \partial_\lambda^n \phi_j(x, \lambda)|_{\lambda=\lambda_j}$. 方程 (4.24) 和系统 (4.25) 的广义达布变换为[67]

$$\bar{u} = u + 2\partial_x^2 \ln W_1 \tag{4.27a}$$

$$\bar{\psi} = \frac{W_2}{W_1} \tag{4.27b}$$

也就是, 系统 (4.25) 在变换 (4.27) 下是不变的. 给定 (4.24) 的任意初始值, $\bar{u}$ 和 $\bar{\psi}$ 是方程 (4.24) 和方程 (4.25) 的新解. 下面将取 $u = 0$.

4.3.1　孤子解

在式 (4.26) 中取 $n = 1$, $m_1 = 0$, $\lambda = \frac{k^2}{4}$, $\lambda_1 = \frac{k_1^2}{4}$ 且

$$\phi_1(x,t,k) = \cosh\Theta, \ \psi_1(x,t,k) = \sinh\Theta \tag{4.28a}$$

$$\Theta = \frac{k}{2}\left(x + \frac{1}{4}k^2 t\right) + \alpha, \ \Theta_1 = \frac{k_1}{2}\left(x + \frac{1}{4}k_1^2 t\right) + \alpha \qquad (4.28b)$$

其中, α 是任意的常数. 利用式 (4.26) 和式 (4.27), 可得到 $k = k_1$ 时 KdV 方程 (4.24) 的单孤子解及对应的特征函数

$$\bar{u} = \frac{k_1^2}{2}\mathrm{sech}^2\Theta_1 \qquad (4.29)$$

$$\bar{\psi}_1(x, t, k_1) = \frac{\beta k_1}{2}\mathrm{sech}\Theta_1 \qquad (4.30)$$

其中, β 也是任意的常数.

由于 KdV6 方程 (4.4) 可看作是 KdV 方程 (4.24) 带非齐次项 w, w 是对应的特征函数的平方 (式 (4.5)), 所以可以利用常数变易法对方程 (4.4) 求解. 令式 (4.28b) 中的 α 和式 (4.30) 中的 β 均为时间 t 的函数, 记为 $\alpha(t)$ 和 $\beta(t)$, 利用式 (4.5) 且令

$$u = \frac{k_1^2}{2}\mathrm{sech}^2\bar{\Theta}_1 \qquad (4.31a)$$

$$w = \bar{\psi}_1^2(x, t, k_1) = \frac{\beta(t)^2 k_1^2}{4}\mathrm{sech}^2\bar{\Theta}_1 \qquad (4.31b)$$

$$\bar{\Theta}_1 = \frac{k_1}{2}(x + \frac{1}{4}k_1^2 t) + \alpha(t) \qquad (4.31c)$$

满足方程 (4.4), 我们得到 $\alpha(t)$ 是 t 的任意函数, 且满足

$$\beta(t)^2 = -\frac{4\alpha'(t)}{k_1} \qquad (4.32)$$

这样就得到 KdV6 方程 (4.4) 的单孤子解

$$u = \frac{k_1^2}{2}\mathrm{sech}^2\bar{\Theta}_1 \qquad (4.33a)$$

$$w = -\alpha'(t)k_1\mathrm{sech}^2\bar{\Theta}_1 \qquad (4.33b)$$

其形状见图 4.1. $\bar{\Theta}_1$ 中含有 t 的任意函数 $\alpha(t)$ 说明 KdV 方程加上源后会引起孤子速度的变化, 因此 KdV6 方程解的动力学性质比 KdV 方程解的动力学性质更丰富.

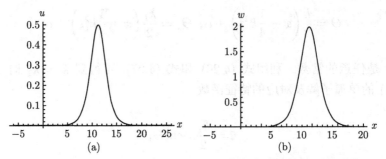

图 4.1　当 $\alpha(t) = -2t$, $k_1 = 1$, $t = 3$ 时单孤子解 u 和 w 的形状

4.3.2　一阶及二阶 positon 解

在式 (4.26) 中, 令 $n = 1$, $m_1 = 1$, $\lambda = -\dfrac{k^2}{4}$, $\lambda_1 = -\dfrac{k_1^2}{4}$ 且取

$$\phi_1(x,t,k) = \sin\Theta, \quad \psi_1(x,t,k) = \cos\Theta \tag{4.34a}$$

$$\Theta = \frac{k}{2}\left(x + x_1(k) - \frac{1}{4}k^2 t\right) - \frac{1}{8}(k - k_1)\alpha \tag{4.34b}$$

其中, $x_1(k)$ 是 k 点附近的解析函数, 且其泰勒展开式中系数为实数. 利用式 (4.26), 式 (4.27) 和式 (4.34), 可得到当 $k = k_1$ 时, KdV 方程 (4.24) 的一阶 positon 解及对应的特征函数[67] 为

$$\bar{u} = \frac{-16k_1^2 \sin\Theta_1(8\sin\Theta_1 + k_1\gamma\cos\Theta_1)}{(4\sin 2\Theta_1 + k_1\gamma)^2} \tag{4.35a}$$

$$\bar{\psi}_1(x,t,k_1) = -\frac{4\beta k_1^2 \sin\Theta_1}{4\sin 2\Theta_1 + k_1\gamma} \tag{4.35b}$$

$$\Theta_1 = \frac{k_1}{2}\left(x + x_1(k_1) - \frac{1}{4}k_1^2 t\right) \tag{4.35c}$$

$$\gamma = -8\partial_k\Theta|_{k=k_1} \tag{4.35d}$$

$$= 3k_1^2 t - 4(x + x_2(k_1)) + \alpha, \quad x_2(k_1) = [x_1 + 4k\partial_k x_1(k)]_{k=k_1} \tag{4.35e}$$

其中, α, β 是任意的常数.

类似地, 利用式 (4.5) 和常数变易法可得到 KdV6 方程 (4.4) 的一阶 positon 解

$$u = \frac{-16k_1^2 \sin\Theta_1(8\sin\Theta_1 + k_1\bar{\gamma}\cos\Theta_1)}{(4\sin 2\Theta_1 + k_1\bar{\gamma})^2} \tag{4.36a}$$

$$w = -\frac{16k_1^2\alpha'(t)\sin^2\Theta_1}{(4\sin2\Theta_1 + k_1\bar{\gamma})^2} \tag{4.36b}$$

$$\bar{\gamma} = 3k_1^2t - 4(x + x_2(k_1)) + \alpha(t) \tag{4.36c}$$

在式 (4.36) 中, 当固定 t, 令 $x \to \pm\infty$ 时, 得到渐近估计

$$u = \frac{2k_1}{x}\sin2\Theta_1[1 + O(x^{-1})] \tag{4.37a}$$

$$w = -\frac{k_1\alpha'(t)}{x^2}\sin^2\Theta_1[1 + O(x^{-1})] \tag{4.37b}$$

如果固定 x, 令 $t \to \pm\infty$, 有

$$u = -\frac{8\sin2\Theta_1}{3k_1t}[1 + O(t^{-1})] \tag{4.38a}$$

$$w = -\frac{16\alpha'(t)}{9k_1^4t^2}\sin^2\Theta_1[1 + O(t^{-1})] \tag{4.38b}$$

Positon 解作为 x, u 和 w 的函数有二阶极点, 极点的准确位置可通过解下面的方程而确定 ($\delta = k_1\bar{\gamma}$)

$$\delta = -4\sin\frac{1}{8}[\delta - 4k_1^3t + 4k_1(x_1 - x_2) - k_1\alpha(t)]$$

因此 KdV6 方程 (4.4) 的 positon 解是缓慢振荡衰减的, 其形状和运动见图 4.2.

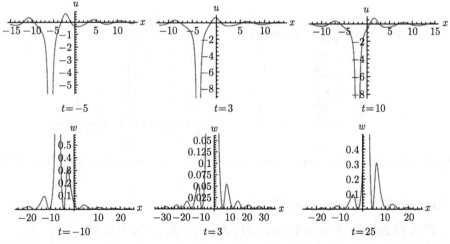

图 4.2 当 $\alpha(t) = -2t$, $x_1(k_1) = 2k_1$, $k_1 = 1$ 时, 一阶 positon 解 u 和 w 的形状和运动

为了得到二阶 positon 解, 取式 (4.34a) 中的 Θ 为

$$\Theta = \frac{k}{2}\left(x + x_1(k) - \frac{1}{4}k^2 t\right) - \frac{1}{8}(k - k_1)^2 \alpha \tag{4.39}$$

这样得到

$$W_1 = W(\phi_1, \partial_k \phi_1, \partial_k^2 \phi_1)|_{k=k_1} = \frac{1}{128}\{-32\sin^2\Theta_1\cos\Theta_1 + k_1^2\gamma^2\cos\Theta_1$$

$$+ [12k_1^2\nu - 4k_1(4x + 4x_1(k_1) + k_1\alpha - 2k_1^2 x_1''(k_1))]\sin\Theta_1\} \tag{4.40a}$$

$$W_2 = W(\phi_1, \partial_k \phi_1, \partial_k^2 \phi_1, \psi_1)|_{k=k_1} = -\frac{1}{64}k_1^3(4\sin2\Theta_1 + k_1\gamma) \tag{4.40b}$$

$$\Theta_1 = \frac{k_1}{2}\left(x + x_1(k_1) - \frac{1}{4}k_1^2 t\right), \quad \gamma = -8\partial_k\Theta|_{k=k_1} = 3k_1^2 t - 4(x + x_2(k_1)) \tag{4.40c}$$

$$\nu = -4\partial_k^2\Theta|_{k=k_1} = 3k_1 t - 4\partial_k x_2(k)|_{k=k_1} + \alpha \tag{4.40d}$$

类似的, 在式 (4.40d) 中令 $\alpha = \alpha(t)$, 则由式 (4.5) 和式 (4.27) 得到二阶 positon 解

$$u = 2\partial_x^2 \ln W_1 \tag{4.41a}$$

$$w = -\frac{2\alpha'(t)}{k_1^3}\left(\frac{W_2}{W_1}\right)^2 \tag{4.41b}$$

其形状见图 4.3.

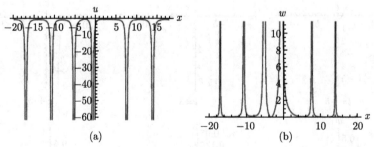

$$\text{图 4.3}\quad \text{当 } x_1(k_1) = 2k_1,\ \alpha(t) = -2t^2,\ k_1 = 1,\ t = 2 \text{ 时, 二阶 positon 解 } u \text{ 和 } w \text{ 的形状}$$

4.3.3　一阶及二阶 negaton 解

在式 (4.26) 中, 令 $n = 1$, $m_1 = 1$, $\lambda = \frac{k^2}{4}$, $\lambda_1 = \frac{k_1^2}{4}$ 并且取

$$\phi_1(x, t, k) = \sinh\Theta, \quad \psi_1(x, t, k) = \cosh\Theta \tag{4.42a}$$

$$\Theta = \frac{k}{2}\left(x + x_1(k) + \frac{1}{4}k^2 t\right) + \frac{1}{8}(k - k_1)\alpha \tag{4.42b}$$

得到 $k = k_1$ 时 KdV 方程 (4.24) 的一阶 negaton 解及对应的特征函数

$$\bar{u} = \frac{-16k_1^2 \sinh\Theta_1 (8\sinh\Theta_1 - k_1\gamma\cosh\Theta_1)}{(4\sinh 2\Theta_1 - k_1\gamma)^2} \tag{4.43a}$$

$$\bar{\psi}_1(x, t, k_1) = -\frac{4\beta k_1^2 \sinh\Theta_1}{4\sinh 2\Theta_1 - k_1\gamma} \tag{4.43b}$$

$$\Theta_1 = \frac{k_1}{2}\left(x + x_1(k_1) + \frac{1}{4}k_1^2 t\right) \tag{4.43c}$$

$$\gamma = 8\partial_k\Theta|_{k=k_1} = 3k_1^2 t + 4(x + x_2(k_1)) + \alpha \tag{4.43d}$$

其中, α, β 是任意的常数.

类似地, 利用式 (4.5) 和常数变易法可得到 KdV6 方程 (4.4) 的一阶 negaton 解

$$u = \frac{-16k_1^2 \sinh\Theta_1 (8\sinh\Theta_1 - k_1\bar{\gamma}\cosh\Theta_1)}{(4\sinh 2\Theta_1 - k_1\bar{\gamma})^2} \tag{4.44a}$$

$$w = -\frac{16k_1^2 \alpha'(t)\sinh^2\Theta_1}{(4\sinh 2\Theta_1 - k_1\bar{\gamma})^2} \tag{4.44b}$$

$$\bar{\gamma} = 3k_1^2 t + 4(x + x_2(k_1)) + \alpha(t) \tag{4.44c}$$

通过类似的分析可知 KdV6 方程 (4.4) 的 negaton 解也具有二阶极点. 其形状和运动见图 4.4.

现在取式 (4.42) 中的 Θ 为

$$\Theta = \frac{k}{2}\left(x + x_1(k) + \frac{1}{4}k^2 t\right) + \frac{1}{8}(k - k_1)^2\alpha \tag{4.45}$$

得到

$$W_1 = W(\phi_1, \partial_k\phi_1, \partial_k^2\phi_1)|_{k=k_1} = \frac{1}{128}\{32\sinh^2\Theta_1\cosh\Theta_1 - k_1^2\gamma^2\cosh\Theta_1$$

$$+ [12k_1^2\nu - 4k_1(-4x - 4x_1(k_1) + k_1\alpha + 2k_1^2 x_1''(k_1))]\sinh\Theta_1\} \tag{4.46a}$$

$$W_2 = W(\phi_1, \partial_k\phi_1, \partial_k^2\phi_1, \psi_1)|_{k=k_1} = \frac{1}{64}k_1^3(-4\sin 2\Theta_1 + k_1\gamma) \tag{4.46b}$$

$$\Theta_1 = \frac{k_1}{2}\left(x + x_1(k_1) + \frac{1}{4}k_1^2 t\right) \quad \gamma = 8\partial_k\Theta|_{k=k_1} = 3k_1^2 t + 4(x + x_2(k_1)) \tag{4.46c}$$

$$\nu = 4\partial_k^2\Theta|_{k=k_1} = 3k_1 t + 4\partial_k x_2(k)|_{k=k_1} + \alpha \tag{4.46d}$$

同理, 由式 (4.5) 和式 (4.27) 可得到二阶 negaton 解

$$u = 2\partial_x^2 \ln W_1 \tag{4.47a}$$

$$w = \frac{2\alpha'(t)}{k_1^3}\left(\frac{W_2}{W_1}\right)^2 \tag{4.47b}$$

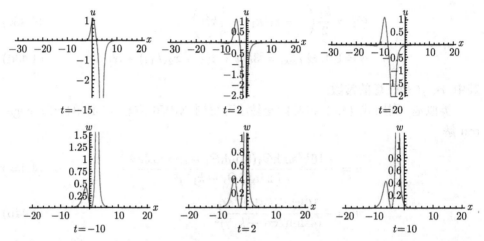

图 4.4   当 $\alpha(t) = -2t$, $x_1(k_1) = 2k_1$, $k_1 = 1$ 时, 一阶 negaton 解 u 和 w 的形状和运动

第 5 章　推广的 Kupershmidt 形变

在文献 [16] 中, Kupershmidt 发现 KdV6 方程可写成

$$u_t = B_1\left(\frac{\delta H_3}{\delta u}\right) - B_1(\omega) \tag{5.1a}$$

$$B_2(\omega) = 0 \tag{5.1b}$$

其中

$$B_1 = \partial = \partial_x, \ B_2 = \partial^3 + 2(u\partial + \partial u) \tag{5.2}$$

是 KdV 方程族的 Hamilton 算子, $H_3 = u^3 - \dfrac{u_x^2}{2}$.

一般地, 对双 Hamilton 系统:

$$u_{t_n} = B_1\left(\frac{\delta H_{n+1}}{\delta u}\right) = B_2\left(\frac{\delta H_n}{\delta u}\right) \tag{5.3}$$

式 (5.1) 给出了双 Hamilton 系统的一个非齐次形变

$$u_{t_n} = B_1\left(\frac{\delta H_{n+1}}{\delta u}\right) - B_1(\omega)$$

$$B_2(\omega) = 0 \tag{5.4}$$

该形变称为双 Hamilton 系统的 Kupershmidt 形变. 文献 [16] 中证明了该形变保持可积性.

在第 4 章中, 我们证明了 KdV 方程的 Kupershmidt 形变 (5.1) 等价于带源形变的 KdV 方程的 Rosochatius 形变, 并给出了式 (5.1) 的双 Hamilton 结构. 在文献 [68] 中作者证明了双 Hamilton 系统的 Kupershmidt 形变本身是双 Hamilton 的.

在本章中, 我们提出了一种构造推广的 Kupershmidt 形变的方法, 这给出了一种由双 Hamilton 系统构造新的可积 Hamilton 系统的方法. 而且我们证明了推广的 Kupershmidt 形变的方程族等价于 Rosochatius 形变的带源形变的方程族, 且可化为双 Hamilton 系统.

5.1　推广的 Kupershmidt 形变的 KdV 方程族

考虑 Schrödinger 特征值问题

$$\phi_{xx} + (u - \lambda)\phi = 0 \tag{5.5}$$

相应的 KdV 方程族为

$$u_{t_n} = B_1\left(\frac{\delta H_{n+1}}{\delta u}\right) = B_2\left(\frac{\delta H_n}{\delta u}\right), \ n = 1, 2, \cdots \tag{5.6}$$

其中

$$B_1 = \partial = \partial_x, \ B_2 = \partial^3 + 2(u\partial + \partial u)$$

$$H_{n+1} = -\frac{2}{2n+1}L^n u, \ L = -\frac{1}{4}\partial^2 - u + \frac{1}{2}\partial^{-1}u_x$$

对 N 个不同的实 λ_j, 考虑谱问题

$$\varphi_{jxx} + (u - \lambda_j)\varphi_j = 0, \ j = 1, 2, \cdots, N$$

易知

$$\frac{\delta \lambda_j}{\delta u} = \varphi_j^2$$

将 KdV 方程族的 Kupershmidt 形变推广为

$$u_{t_n} = B_1\left(\frac{\delta H_{n+1}}{\delta u}\right) - B_1\left(\sum_{j=1}^{N}\omega_j\right) \tag{5.7a}$$

$$(B_2 - \lambda_j B_1)(\omega_j) = 0, \ j = 1, 2, \cdots, N \tag{5.7b}$$

由于 ω_j 与 $\dfrac{\delta H_{n+1}}{\delta u}$ 的地位相同, 有理由取 $\omega_j = \dfrac{\delta \lambda_j}{\delta u}$. 因此, 双 Hamilton 系统推广的 Kupershmidt 形变为

$$u_{t_n} = B_1\left(\frac{\delta H_{n+1}}{\delta u} - \sum_{j=1}^{N}\frac{\delta \lambda_j}{\delta u}\right) \tag{5.8a}$$

$$(B_2 - \lambda_j B_1)\left(\frac{\delta \lambda_j}{\delta u}\right) = 0, \ j = 1, 2, \cdots, N \tag{5.8b}$$

由式 (5.8b) 得

$$2\varphi_j[\varphi_{jxx} + (u - \lambda_j)\varphi_j]_x + 6\varphi_{jx}[\varphi_{jxx} + (u - \lambda_j)\varphi_j] = 0$$

该式给出

$$\varphi_{jxx} + (u - \lambda_j)\varphi_j = \frac{\mu_j}{\varphi_j^3}$$

其中, μ_j, $j = 1, 2, \cdots, N$ 是积分常数.

当 $n = 2$ 时, 式 (5.8) 给出推广的 Kupershmidt 形变的 KdV 方程

$$u_t = \frac{1}{4}(u_{xxx} + 6uu_x) - \sum_{j=1}^{N}(\varphi_j^2)_x \tag{5.9a}$$

$$\varphi_{jxx} + (u - \lambda_j)\varphi_j = \frac{\mu_j}{\varphi_j^3}, \ j = 1, 2, \cdots, N \tag{5.9b}$$

这正是 Rosochatius 形变的带自相容源的 KdV 方程[13]. 当 $\mu_j = 0$, $j = 1, \cdots, N$ 时, 式 (5.9) 约化为带自相容源的 KdV 方程[22]. 式 (5.9) 的 Lax 对为[13]

$$\begin{bmatrix} \psi_1 \\ \psi_2 \end{bmatrix}_x = U \begin{bmatrix} \psi_1 \\ \psi_2 \end{bmatrix}, \quad U = \begin{bmatrix} 0 & 1 \\ \lambda - u & 0 \end{bmatrix} \tag{5.10a}$$

$$\begin{bmatrix} \psi_1 \\ \psi_2 \end{bmatrix}_t = V \begin{bmatrix} \psi_1 \\ \psi_2 \end{bmatrix}$$

$$V = \begin{bmatrix} -\dfrac{u_x}{4} & -\lambda + \dfrac{u}{2} \\ -\lambda^2 - \dfrac{u}{2}\lambda - \dfrac{u_{xx}}{4} - \dfrac{u^2}{2} + \dfrac{1}{2}\sum_{j=1}^{N}\varphi_j^2 & \dfrac{u_x}{4} \end{bmatrix}$$

$$- \frac{1}{2}\sum_{j=1}^{N}\frac{1}{\lambda - \lambda_j} \begin{bmatrix} \varphi_j\varphi_{jx} & -\varphi_j^2 \\ \varphi_{jx}^2 + \dfrac{\mu_j}{\varphi_j^2} & -\varphi_j\varphi_{jx} \end{bmatrix} \tag{5.10b}$$

5.2 推广的 Kupershmidt 形变的 Camassa-Holm 方程

Camassa-Holm (CH) 方程[22,69] 为

$$m_t = B_1\frac{\delta H_1}{\delta u} = B_2\frac{\delta H_0}{\delta u} = -2u_x m - um_x, \quad m = u - u_{xx} + \omega \tag{5.11}$$

其中, $B_1 = -\partial + \partial^3$, $B_2 = m\partial + \partial m$ 是 CH 方程的 Hamilton 算子,

$$H_0 = \frac{1}{2}\int (u^2 + u_x^2)\mathrm{d}x, \ H_1 = \frac{1}{2}\int (u^3 + uu_x^2)\mathrm{d}x$$

CH 方程的 Lax 对为

$$\phi_{xx} = \left(\frac{1}{4} - \frac{1}{2}m\lambda\right)\phi \qquad (5.12a)$$

$$\phi_t = \frac{1}{2}u_x\phi - \left(\frac{1}{\lambda} + u\right)\phi_x \qquad (5.12b)$$

对 N 个不同的实 λ_j, 考虑如下谱问题:

$$\varphi_{jxx} = \frac{1}{4}\varphi_j - \frac{1}{2}m\lambda_j\varphi_j, \ j = 1, 2, \cdots, N \qquad (5.13)$$

易知

$$\frac{\delta\lambda_j}{\delta m} = \lambda_j\varphi_j^2$$

推广的 Kupershmidt 形变的 CH 方程构造如下:

$$m_t = B_1\left(\frac{\delta H_1}{\delta m} - \sum_{j=1}^{N}\frac{1}{\lambda_j}\frac{\delta\lambda_j}{\delta m}\right) = -2u_xm - um_x + \sum_{j=1}^{N}[(\varphi_j^2)_x - (\varphi_j^2)_{xxx}] \quad (5.14a)$$

$$\left(B_2 - \frac{1}{\lambda_j}B_1\right)\left(\frac{1}{\lambda_j}\frac{\delta\lambda_j}{\delta m}\right) = 0, \ j = 1, 2, \cdots, N \qquad (5.14b)$$

由式 (5.14b) 得

$$2\varphi_j\left(\varphi_{jxx} + \frac{1}{2}\lambda_jm\varphi_j - \frac{1}{4}\varphi_j\right)_x + 6\varphi_{jx}\left(\varphi_{jxx} + \frac{1}{2}\lambda_jm\varphi_j - \frac{1}{4}\varphi_j\right) = 0$$

即

$$\varphi_{jxx} = \frac{1}{4}\varphi_j - \frac{1}{2}m\lambda_j\varphi_j + \frac{\mu_j}{\varphi_j^3}$$

因此由方程 (5.14) 得

$$m_t = -2u_xm - um_x + \sum_{j=1}^{N}[(\varphi_j^2)_x - (\varphi_j^2)_{xxx}] \qquad (5.15a)$$

$$\varphi_{jxx} = \frac{1}{4}\varphi_j - \frac{1}{2}m\lambda_j\varphi_j + \frac{\mu_j}{\varphi_j^3}, \quad j = 1, 2, \cdots, N \tag{5.15b}$$

这正是 Rosochatius 形变的带自相容源的 CH 方程, 其 Lax 对为

$$\begin{bmatrix} \psi_1 \\ \psi_2 \end{bmatrix}_x = U \begin{bmatrix} \psi_1 \\ \psi_2 \end{bmatrix}, \quad U = \begin{bmatrix} 0 & 1 \\ \dfrac{1}{4} - \dfrac{1}{2}\lambda m & 0 \end{bmatrix} \tag{5.16a}$$

$$\begin{bmatrix} \psi_1 \\ \psi_2 \end{bmatrix}_t = V \begin{bmatrix} \psi_1 \\ \psi_2 \end{bmatrix}$$

$$V = \begin{bmatrix} \dfrac{u_x}{2} & -\dfrac{1}{\lambda} - u \\ \dfrac{u}{4} - \dfrac{1}{4\lambda} + \dfrac{mu\lambda}{2} & -\dfrac{u_x}{2} \end{bmatrix} - \sum_{j=1}^{N} \dfrac{\lambda\lambda_j}{\lambda - \lambda_j} \begin{bmatrix} \varphi_j\varphi_{jx} & -\varphi_j^2 \\ \varphi_{jx}^2 + \dfrac{\mu_j}{\varphi_j^2} & -\varphi_j\varphi_{jx} \end{bmatrix} \tag{5.16b}$$

5.3　推广的 Kupershmidt 形变 Boussinesq 方程

考虑下面三阶特征值问题[70]

$$L\phi = \phi_{xxx} + v\phi_x + \left(\frac{1}{2}v_x + w\right)\phi = \lambda\phi \tag{5.17}$$

相应的 Boussinesq 方程为

$$\begin{bmatrix} v \\ w \end{bmatrix}_t = B_1 \begin{bmatrix} \dfrac{\delta H_2}{\delta v} \\ \dfrac{\delta H_2}{\delta w} \end{bmatrix} = B_2 \begin{bmatrix} \dfrac{\delta H_1}{\delta v} \\ \dfrac{\delta H_1}{\delta w} \end{bmatrix} = \begin{bmatrix} 2w_x \\ -\dfrac{2}{3}vv_x - \dfrac{1}{6}w_{xxx} \end{bmatrix} \tag{5.18}$$

其中

$$B_1 = \begin{bmatrix} 0 & \partial \\ \partial & 0 \end{bmatrix}$$

$$B_2 = \frac{1}{3} \begin{bmatrix} 2\partial^3 + 2v\partial + v_x & 3w\partial + 2w_x \\ 3w\partial + w_x & -\dfrac{1}{6}(\partial^5 + 5v\partial^3 + \dfrac{15}{2}v_x\partial^2 + \dfrac{9}{2}v_{xx}\partial + 4v^2\partial + v_{xxx} + 4vv_x) \end{bmatrix}$$

是 Boussinesq 方程的 Hamilton 算子, $H_1 = \displaystyle\int w\mathrm{d}x$, $H_2 = \displaystyle\int \left(\frac{1}{12}v_x^2 - \frac{1}{9}v^3 + w^2\right)\mathrm{d}x$.

对 N 个不同的实 λ_j, 考虑下面的谱问题及其共轭谱问题:

$$\varphi_{jxxx} + v\varphi_{jx} + \left(\frac{1}{2}v_x + w\right)\varphi_j = \lambda\varphi_j \tag{5.19a}$$

$$\varphi_{jxxx}^* + v\varphi_{jx}^* + \left(\frac{1}{2}v_x - w\right)\varphi_j^* = -\lambda\varphi_j^*, \ j = 1, 2, \cdots, N \tag{5.19b}$$

不难得到

$$\frac{\delta\lambda_j}{\delta v} = \frac{3}{2}(\varphi_{jx}\varphi_j^* - \varphi_j\varphi_{jx}^*), \ \frac{\delta\lambda_j}{\delta w} = 3\varphi_j\varphi_j^*$$

推广的 Kupershmidt 形变的 Boussinesq 方程为

$$\left[\begin{array}{c} v \\ w \end{array}\right]_t = B_1\left(\left[\begin{array}{c} \dfrac{\delta H_2}{\delta v} \\ \dfrac{\delta H_2}{\delta w} \end{array}\right] - \sum_{j=1}^{N}\left[\begin{array}{c} \dfrac{\delta\lambda_j}{\delta v} \\ \dfrac{\delta\lambda_j}{\delta w} \end{array}\right]\right) \tag{5.20a}$$

$$(B_2 - \lambda_j B_1)\left[\begin{array}{c} \dfrac{\delta\lambda_j}{\delta v} \\ \dfrac{\delta\lambda_j}{\delta w} \end{array}\right] = 0, \ j = 1, 2, \cdots, N \tag{5.20b}$$

5.4 推广的 Kupershmidt 形变的 JM 方程族
及双 Hamiltonian 结构

5.4.1 推广的 Kupershmidt 形变的 JM 方程族

Jaulent-Miodek (JM) 特征值问题为[71]

$$\left[\begin{array}{c} \psi_1 \\ \psi_2 \end{array}\right]_x = U\left[\begin{array}{c} \psi_1 \\ \psi_2 \end{array}\right], \ U = \left[\begin{array}{cc} 0 & 1 \\ -\lambda^2 + \lambda q + r & 0 \end{array}\right] \tag{5.21}$$

相应的 JM 方程族为

$$\left[\begin{array}{c} q \\ r \end{array}\right]_{t_n} = B_1\left[\begin{array}{c} b_{n+2} \\ b_{n+1} \end{array}\right] = B_1\left[\begin{array}{c} \dfrac{\delta H_{n+1}}{\delta q} \\ \dfrac{\delta H_{n+1}}{\delta r} \end{array}\right] = B_2\left[\begin{array}{c} \dfrac{\delta H_n}{\delta q} \\ \dfrac{\delta H_n}{\delta r} \end{array}\right]$$

其中

$$B_1 = \left[\begin{array}{cc} 0 & 2\partial \\ 2\partial & -q_x - 2q\partial \end{array}\right], \ B_2 = \left[\begin{array}{cc} 2\partial & 0 \\ 0 & r_x + 2r\partial - \dfrac{1}{2}\partial^3 \end{array}\right]$$

$$\begin{bmatrix} b_{n+2} \\ b_{n+1} \end{bmatrix} = L \begin{bmatrix} b_{n+1} \\ b_n \end{bmatrix}, \ n = 1, 2, \cdots$$

$$b_0 = b_1 = 0, \ b_2 = -1, \ H_n = \frac{1}{n-1}(2b_{n+2} - qb_{n+1})$$

对 N 个不同的实 λ_j, 由如下谱问题:

$$\varphi_{1jx} = \varphi_{2j}, \ \varphi_{2jx} = (-\lambda_j^2 + \lambda_j q + r)\varphi_{1j}$$

得

$$\frac{\delta\lambda_j}{\delta q} = \frac{1}{2}\lambda_j\varphi_{1j}^2, \ \frac{\delta\lambda_j}{\delta r} = \frac{1}{2}\varphi_{1j}^2$$

类似地, 可构造推广的 Kupershmidt 形变的 JM 方程族

$$\begin{bmatrix} q \\ r \end{bmatrix}_{t_n} = B_1 \left(\begin{bmatrix} \dfrac{\delta H_{n+1}}{\delta q} \\ \dfrac{\delta H_{n+1}}{\delta r} \end{bmatrix} + \sum_{j=1}^{N} \begin{bmatrix} \dfrac{\delta\lambda_j}{\delta q} \\ \dfrac{\delta\lambda_j}{\delta r} \end{bmatrix} \right) \tag{5.22a}$$

$$(B_2 - \lambda_j B_1) \begin{bmatrix} \dfrac{\delta\lambda_j}{\delta q} \\ \dfrac{\delta\lambda_j}{\delta r} \end{bmatrix} = 0, \ j = 1, 2, \cdots, N \tag{5.22b}$$

由式 (5.22b) 得

$$\varphi_{1j}(\varphi_{2jx} - r\varphi_{1j} - \lambda_j q\varphi_{1j} + \lambda_j^2\varphi_{1j})_x + 3\varphi_{1jx}(\varphi_{2jx} - r\varphi_{1j} - \lambda_j q\varphi_{1j} + \lambda_j^2\varphi_{1j}) = 0$$

即

$$\varphi_{2jx} = (-\lambda_j^2 + \lambda_j q + r)\varphi_{1j} + \frac{\mu_j}{\varphi_{1j}^3}, \ j = 1, 2, \cdots, N$$

当 $n = 3$ 时, 由方程 (5.22) 得到推广的 Kupershmidt 形变的 JM 方程

$$q_t = -r_x - \frac{3}{2}qq_x + 2\sum_{j=1}^{N}\varphi_{1j}\varphi_{2j} \tag{5.23a}$$

$$r_t = \frac{1}{4}q_{xxx} - q_x r - \frac{1}{2}qr_x + \sum_{j=1}^{N}\left[2(\lambda_j - q)\varphi_{1j}\varphi_{2j} - \frac{1}{2}q_x\varphi_{1j}^2\right] \tag{5.23b}$$

$$\varphi_{1jx} = \varphi_{2j}, \ \varphi_{2jx} = (-\lambda_j^2 + \lambda_j q + r)\varphi_{1j} + \frac{\mu_j}{\varphi_{1j}^3}, \ j = 1, 2, \cdots, N \tag{5.23c}$$

这恰好是 Rosochatius 形变的带自相容源的 JM 方程[14]. 方程 (5.23) 具有 Lax 表示 (5.10a), 其中

$$
U = \begin{bmatrix} 0 & 1 \\ -\lambda^2 + \lambda q + r & 0 \end{bmatrix}
$$

$$
V = \begin{bmatrix} \dfrac{1}{4}q_x & -\lambda - \dfrac{1}{2}q \\ \lambda^3 - \dfrac{1}{2}q\lambda^2 - \left(\dfrac{1}{2}q^2 + r\right)\lambda + \dfrac{1}{4}q_{xx} - \dfrac{1}{2}qr & -\dfrac{1}{4}q_x \end{bmatrix}
$$

$$
+ \dfrac{1}{2}\begin{bmatrix} 0 & 0 \\ \lambda\langle \Phi_1, \Phi_1\rangle - \langle \Lambda\Phi_1, \Phi_1\rangle - q\langle \Phi_1, \Phi_1\rangle & 0 \end{bmatrix}
$$

$$
+ \dfrac{1}{2}\sum_{j=1}^{N}\dfrac{1}{\lambda - \lambda_j}\begin{bmatrix} \phi_{1j}\phi_{2j} & -\phi_{1j}^2 \\ \phi_{2j}^2 + \dfrac{\mu_j}{\phi_{1j}^2} & -\phi_{1j}\phi_{2j} \end{bmatrix}
$$

5.4.2   推广的 Kupershmidt 形变的 JM 方程族的双 Hamilton 结构

下面将利用文献 [55], [65] 和 [66] 中的方法构造推广的 Kupershmidt 形变的 JM 方程的 t-型双 Hamilton 结构. 记 $\langle \cdot, \cdot\rangle$ 为 $\mathbf{R}^N$ 中的内积, 且

$$
\Phi_i = (\varphi_{i1}, \varphi_{i2}, \cdots, \varphi_{iN})^{\mathrm{T}}, \quad i = 1, 2, \quad \mu = (\mu_1, \cdots, \mu_N)^{\mathrm{T}}, \quad \Lambda = \mathrm{diag}(\lambda_1, \cdots, \lambda_N)
$$

方程 (5.23) 可被改写为

$$
\begin{bmatrix} q \\ r \end{bmatrix}_t = B_1 \begin{bmatrix} \dfrac{1}{8}q_{xx} - \dfrac{3}{4}qr - \dfrac{5}{16}q^3 + \dfrac{1}{2}\langle \Lambda\Phi_1, \Phi_1\rangle \\ -\dfrac{1}{2}r - \dfrac{3}{8}q^2 + \dfrac{1}{2}\langle \Phi_1, \Phi_1\rangle \end{bmatrix} \tag{5.24a}
$$

$$
\varphi_{1jx} = \varphi_{2j}, \quad \varphi_{2jx} = -\lambda_j^2\varphi_{1j} + q\lambda_j\varphi_{1j} + r\varphi_{1j} + \dfrac{\mu_j}{\varphi_{1j}^3} \tag{5.24b}
$$

由于 $\left(c_1 + \dfrac{1}{2}qc_2, c_2\right)^{\mathrm{T}}$ 是 B_1 的核, 式 (5.24a) 可被改写为

$$
\dfrac{1}{8}q_{xx} - \dfrac{3}{4}qr - \dfrac{5}{16}q^3 + \dfrac{1}{2}\langle \Lambda\Phi_1, \Phi_1\rangle = c_1 + \dfrac{1}{2}qc_2 \tag{5.25a}
$$

$$
-\dfrac{1}{2}r - \dfrac{3}{8}q^2 + \dfrac{1}{2}\langle \Phi_1, \Phi_1\rangle = c_2, \quad c_{1x} = \dfrac{1}{2}\partial_t\left(r + \dfrac{1}{4}q^2\right), \quad c_{2x} = \dfrac{1}{2}\partial_t q \tag{5.25b}
$$

通过引进 $q_1 = q$, $p_1 = -\dfrac{1}{8}q_x$, 由方程 (5.24b) 和 (5.25b) 得到 t-型 Hamilton 形式

$$R_x = G_1 \frac{\delta F_1}{\delta R} \tag{5.26}$$

其中

$$R = (\Phi_1^{\mathrm{T}}, q_1, \Phi_2^{\mathrm{T}}, p_1, c_1, c_2)^{\mathrm{T}} \tag{5.27a}$$

$$F_1 = -4p_1^2 - \frac{1}{16}q_1^4 - \frac{1}{2}q_1^2 c_2 + q_1 c_1 - c_2^2 + \frac{3}{8}q_1^2 \langle \Phi_1, \Phi_1 \rangle - \frac{1}{2}q_1 \langle \Lambda \Phi_1, \Phi_1 \rangle$$

$$+ \frac{1}{2}\langle \Phi_2, \Phi_2 \rangle + \frac{1}{2}\langle \Lambda^2 \Phi_1, \Phi_1 \rangle + c_2 \langle \Phi_1, \Phi_1 \rangle - \frac{1}{4}\sum_{j=1}^{N} \varphi_{1j}^4 + \frac{1}{2}\sum_{j=1}^{N} \frac{\mu_j}{\varphi_{1j}^2} \tag{5.27b}$$

$$G_1 = \begin{bmatrix} 0 & I_{(N+1)\times(N+1)} & 0 & 0 \\ -I_{(N+1)\times(N+1)} & 0 & 0 & 0 \\ 0 & 0 & 0 & \frac{1}{2}\partial_t \\ 0 & 0 & \frac{1}{2}\partial_t & 0 \end{bmatrix} \tag{5.27c}$$

修正 Jaulent-Miodek (mJM) 特征值问题为 [72]

$$\begin{bmatrix} \tilde{\psi}_1 \\ \tilde{\psi}_2 \end{bmatrix}_x = \tilde{U}(\tilde{u}, \lambda) \begin{bmatrix} \tilde{\psi}_1 \\ \tilde{\psi}_2 \end{bmatrix}, \quad \tilde{U} = \begin{bmatrix} -\tilde{r} & \lambda \\ -\lambda + \tilde{q} & \tilde{r} \end{bmatrix}, \quad \tilde{u} = \begin{bmatrix} \tilde{r} \\ \tilde{q} \end{bmatrix} \tag{5.28}$$

相应的 mJM 方程为

$$\tilde{u}_t = \begin{bmatrix} \tilde{r} \\ \tilde{q} \end{bmatrix}_t = \begin{bmatrix} -\dfrac{1}{4}\tilde{q}_{xx} - \dfrac{1}{2}(\tilde{q}\tilde{r})_x \\ -2\tilde{r}\tilde{r}_x - \dfrac{3}{2}\tilde{q}\tilde{q}_x + \tilde{r}_{xx} \end{bmatrix} = \tilde{B}_1 \frac{\delta \tilde{H}_2}{\delta \tilde{u}}$$

其中, $\tilde{B}_1 = \begin{bmatrix} \dfrac{1}{2}\partial & 0 \\ 0 & 2\partial \end{bmatrix}$, $\tilde{H}_2 = -\dfrac{1}{2}\tilde{q}_x \tilde{r} - \dfrac{1}{2}\tilde{q}\tilde{r}^2 - \dfrac{1}{8}\tilde{q}^3$.

Rosochatius 形变的带自相容源的 mJM 方程为

$$\begin{bmatrix} \tilde{r} \\ \tilde{q} \end{bmatrix}_t = \tilde{B}_1 \left(\frac{\delta \tilde{H}_2}{\delta \tilde{u}} + \frac{\delta \lambda}{\delta \tilde{u}} \right) = \tilde{B}_1 \begin{bmatrix} -\dfrac{1}{2}\tilde{q}_x - \tilde{q}\tilde{r} + \langle \tilde{\Phi}_1, \tilde{\Phi}_2 \rangle \\ -\dfrac{1}{2}\tilde{r}^2 - \dfrac{3}{8}\tilde{q}^2 + \dfrac{1}{2}\tilde{r}_x + \dfrac{1}{2}\langle \tilde{\Phi}_1, \tilde{\Phi}_1 \rangle \end{bmatrix} \tag{5.29a}$$

$$\tilde{\varphi}_{1jx} = -\tilde{r}\tilde{\varphi}_{1j} + \lambda_j\tilde{\varphi}_{2j}, \ \tilde{\varphi}_{2jx} = -\lambda_j\tilde{\varphi}_{1j} + \tilde{q}\tilde{\varphi}_{1j} + \tilde{r}\tilde{\varphi}_{2j} + \frac{\mu_j}{\lambda_j\tilde{\varphi}_{1j}^3} \tag{5.29b}$$

由于 $(\tilde{c}_1, \tilde{c}_2)^{\mathrm{T}}$ 是 $\tilde{B}_1$ 的核, 可令

$$-\frac{1}{2}\tilde{q}_x - \tilde{q}\tilde{r} + \langle\tilde{\Phi}_1, \tilde{\Phi}_2\rangle = \tilde{c}_1, \ -\frac{1}{2}\tilde{r}^2 - \frac{3}{8}\tilde{q}^2 + \frac{1}{2}\tilde{r}_x + \frac{1}{2}\langle\tilde{\Phi}_1, \tilde{\Phi}_1\rangle = \tilde{c}_2$$

$$\tilde{q}_1 = \tilde{q}, \ \tilde{p}_1 = -\frac{1}{2}\tilde{r}, \ \tilde{R} = (\tilde{\Phi}_1^{\mathrm{T}}, \tilde{q}_1, \tilde{\Phi}_2^{\mathrm{T}}, \tilde{p}_1, \tilde{c}_1, \tilde{c}_2)^{\mathrm{T}}$$

Rosochatius 形变的带自相容源的 mJM 方程 (5.29) 可写成如下 t-型 Hamilton 系统

$$\tilde{R}_x = \tilde{G}_1 \frac{\delta\tilde{F}_1}{\delta\tilde{R}} \tag{5.30}$$

其中

$$\tilde{F}_1 = -2\tilde{p}_1\tilde{c}_1 + \tilde{q}_1\tilde{c}_2 + 2\tilde{p}_1^2\tilde{q}_1 + \frac{1}{8}\tilde{q}_1^3 + 2\tilde{p}_1\langle\tilde{\Phi}_1, \tilde{\Phi}_2\rangle - \frac{1}{2}\tilde{q}_1\langle\tilde{\Phi}_1, \tilde{\Phi}_1\rangle \tag{5.31a}$$

$$+ \frac{1}{2}\langle\Lambda\tilde{\Phi}_2, \tilde{\Phi}_2\rangle + \frac{1}{2}\langle\Lambda\tilde{\Phi}_1, \tilde{\Phi}_1\rangle + \sum_{j=1}^{N} \frac{\mu_j}{2\lambda_j\tilde{\varphi}_{1j}^2} \tag{5.31b}$$

$$G_1 = \begin{bmatrix} 0 & I_{(N+1)\times(N+1)} & 0 & 0 \\ -I_{(N+1)\times(N+1)} & 0 & 0 & 0 \\ 0 & 0 & 2\partial_t & 0 \\ 0 & 0 & 0 & \frac{1}{2}\partial_t \end{bmatrix} \tag{5.31c}$$

式 (5.27) 与式 (5.30) 和式 (5.31) 之间的 Miura 映照, 即 $R = M(\tilde{R})$, 表示为

$$\Phi_1 = \tilde{\Phi}_1, \ \Phi_2 = \Lambda\tilde{\Phi}_2 + 2\tilde{p}_1\tilde{\Phi}_1 \tag{5.32a}$$

$$q_1 = \tilde{q}_1, \ p_1 = -\frac{1}{2}\tilde{q}_1\tilde{p}_1 - \frac{1}{4}\langle\tilde{\Phi}_1, \tilde{\Phi}_2\rangle + \frac{1}{4}\tilde{c}_1 \tag{5.32b}$$

$$c_1 = \frac{1}{2}\tilde{F}_1 + \partial_t\tilde{p}_1, \ c_2 = \tilde{c}_2 \tag{5.32c}$$

将映照 M (5.32) 作用到方程 (5.30) 的第一个 Hamilton 结构, 可得到方程 (5.27) 的

第二个 Hamilton 结构

$$G_2 = M'\tilde{G}_1 M'^* = \begin{bmatrix} 0 & 0 & \Lambda & -\dfrac{1}{4}\Phi_1 & \dfrac{1}{2}\Phi_2 & 0 \\[2mm] 0 & 0 & 2\Phi_1^{\mathrm{T}} & -\dfrac{1}{2}q_1 & -4p_1 - \partial_t & 0 \\[2mm] -\Lambda & 2\Phi_1 & 0 & \dfrac{1}{4}\Phi_2 & g_{35} & 0 \\[2mm] \dfrac{1}{4}\Phi_1^{\mathrm{T}} & \dfrac{1}{2}q_1 & -\dfrac{1}{4}\Phi_2^{\mathrm{T}} & \dfrac{1}{8}\partial_t & g_{45} & 0 \\[2mm] -\dfrac{1}{2}\Phi_2^{\mathrm{T}} & 4p_1 - \partial_t & -g_{35} & -g_{45} & g_{55} & \partial_t q_1 \\[2mm] 0 & 0 & 0 & 0 & q_1\partial_t & 2\partial_t \end{bmatrix}$$

$$\tag{5.33}$$

其中

$$g_{35} = \frac{1}{2}q_1\Lambda\Phi_1 - \frac{1}{2}\Lambda^2\Phi_1 - \frac{3}{8}q_1^2\Phi_1 - c_2\Phi_1 + \frac{1}{4}\Phi_1\langle\Phi_1, \Phi_1\rangle + \left(\frac{\mu_1}{\varphi_{1j}^3}, \cdots, \frac{\mu_N}{\varphi_{1N}^3}\right)^{\mathrm{T}}$$

$$g_{45} = -\frac{1}{2}c_1 + \frac{1}{4}\langle\Lambda\Phi_1, \Phi_1\rangle - \frac{3}{8}q_1\langle\Phi_1, \Phi_1\rangle + \frac{1}{2}q_1 c_2 + \frac{1}{8}q_1^3$$

$$g_{55} = \partial_t\left(\frac{1}{4}\langle\Phi_1, \Phi_1\rangle - \frac{1}{2}c_2\right) + \left(\frac{1}{4}\langle\Phi_1, \Phi_1\rangle - \frac{1}{2}c_2\right)\partial_t - \frac{1}{4}q_1\partial_t q_1$$

M' 和 M'^* 的定义与 4.2 节相同. 这样就得到了方程 (5.27a)~(5.27c) 的双 Hamilton 结构

$$R_x = G_1\frac{\delta F_1}{\delta R} = G_2\frac{\delta F_0}{\delta R}, \quad F_0 = 2c_1 \tag{5.34}$$

第 6 章　扩展的 (2+1)-维孤子方程族的构造与求解

本章中, 我们提出了构造扩展的 (2+1)-维孤子方程族的一般方法, 此扩展的方程族除含有原时间系列外还含有新的时间系列, 以及更多的分量. 扩展的方程族给出了统一的途径去导出第一型及第二型带自相容源的方程. 结合常数变易法, 我们提出推广的穿衣法用于求解扩展的方程族. 本章以 q-形变的 KP 方程族、q-形变的修正 KP 方程族及离散的 KP 方程族为例详细介绍了我们提出的方法.

6.1　扩展的 q-形变的 KP 方程族及广义的穿衣法

在本节中, 我们给出了构造新的扩展的 q-KP 方程族及其 Lax 表示的方法. q-形变的微分算子 ∂_q 定义为[73,74]

$$\partial_q(f(x)) = \frac{f(qx) - f(x)}{x(q-1)}$$

当 $q \to 1$ 时, 它恢复成通常的微分 $\partial_x(f(x))$. q-移位算子 θ 定义为

$$\theta(f(x)) = f(qx)$$

微分算子 ∂_q 满足 q-变形的莱布尼茨法则

$$\partial_q^n f = \sum_{k \geqslant 0} \binom{n}{k}_q \theta^{n-k}(\partial_q^k f)\partial_q^{n-k}, \quad n \in \mathbf{Z}$$

这里 q-数和 q-二项式定义为

$$(n)_q = \frac{q^n - 1}{q - 1}$$

$$\binom{n}{k}_q = \frac{(n)_q(n-1)_q \cdots (n-k+1)_q}{(1)_q(2)_q \cdots (k)_q}, \quad \binom{n}{0}_q = 1$$

对于如下 q-拟微分算子 (q-PDO):

$$P = \sum_{i=-\infty}^{n} p_i \partial_q^i$$

可分解为微分部分和积分部分

$$P_+ = \sum_{i \geqslant 0} p_i \partial_q^i, \quad P_- = \sum_{i \leqslant -1} p_i \partial_q^i$$

P 的共轭 "$*$" 定义为

$$P^* = \sum_i (\partial_q^*)^i p_i, \quad \partial_q^* = -\partial_q \theta^{-1} = -\frac{1}{q} \partial_{\frac{1}{q}}$$

为了构造 q-KP 方程族, 引入下面的 Lax 方程[75]

$$\partial_{t_n} L = [B_n, L], \quad B_n = L_+^n \tag{6.1}$$

Lax 算子具有形式

$$L = \partial_q + \sum_{i=0}^{\infty} u_i \partial_q^{-i} \tag{6.2}$$

利用 Sato 理论, 可以将 Lax 算子表示为穿衣算子:

$$L = S \partial_q S^{-1} \tag{6.3}$$

其中, $S = 1 + \sum_{i=1}^{\infty} S_i \partial_q^{-i}$ 称为 Sato 算子, S^{-1} 表示它的逆算子. Lax 方程 (6.1) 等价于 Sato 方程

$$S_{t_n} = -(L^n)_- S \tag{6.4}$$

q-波函数 $w_q(x, \bar{t}; z)$ 和 q-共轭波函数 $w^*(x, \bar{t}; z)$ ($\bar{t} = (t_1, t_2, t_3, \cdots)$) 定义如下:

$$w_q = S e_q(xz) \exp\left(\sum_{i=1}^{\infty} t_i z^i\right) \tag{6.5a}$$

$$w^* = (S^*)^{-1}|_{x/q} e_{1/q}(-xz) \exp\left(-\sum_{i=1}^{\infty} t_i z^i\right) \tag{6.5b}$$

其中

$$P|_{x/t} = \sum_i p_i(x/t) t^i \partial_q^i$$

$$e_q(x) = \exp\left(\sum_{k=1}^{\infty} \frac{(1-q)^k}{k(1-q^k)} x^k\right)$$

易见 w_q 和 w_q^* 满足下面的线性系统:

$$Lw_q = zw_q, \qquad \frac{\partial w_q}{\partial t_n} = B_n w_q$$

$$L^*|_{x/q} w_q^* = zw_q^*, \qquad \frac{\partial w_q^*}{\partial t_n} = -(B_n|_{x/q})^* w_q^*$$

由文献 [76] 的结论知

$$T(z)_- \equiv \sum_{i \in \mathbb{Z}} L_-^i z^{-i-1} = w_q \partial_q^{-1} \theta(w_q^*) \tag{6.6}$$

对任一固定的 $k \in \mathbf{N}$, 定义一个新的变量 τ_k, 其向量场为

$$\partial_{\tau_k} = \partial_{t_k} - \sum_{i=1}^{N} \sum_{s \geqslant 0} \zeta_i^{-s-1} \partial_{t_s}$$

其中, ζ_i 是任意不同的非零参数. τ_k-流由以下公式给出:

$$L_{\tau_k} = \partial_{t_k} L - \sum_{i=1}^{N} \sum_{s \geqslant 0} \zeta_i^{-s-1} \partial_{t_s} L = [B_k, L] - \sum_{i=1}^{N} \sum_{s \geqslant 0} \zeta_i^{-s-1} [B_s, L]$$

$$= [B_k, L] + \sum_{i=1}^{N} \sum_{s \in \mathbb{N}} \zeta_i^{-s-1} [L_-^s, L] = [B_k, L] + \sum_{i=1}^{N} \sum_{s \in \mathbb{Z}} \zeta_i^{-s-1} [L_-^s, L]$$

定义 $\tilde{B}_k$ 为

$$\tilde{B}_k = B_k + \sum_{i=1}^{N} \sum_{s \in \mathbb{Z}} \zeta_i^{-s-1} L_-^s$$

利用式 (6.6), 该式可写为

$$\tilde{B}_k = B_k + \sum_{i=1}^{N} w_q(x, \bar{t}; \zeta_i) \partial_q^{-1} \theta(w_q^*(x, \bar{t}; \zeta_i))$$

令 $\phi_i = w_q(x, \bar{t}; \zeta_i)$, $\psi_i = \theta(w_q^*(x, \bar{t}; \zeta_i))$, 得到

$$\tilde{B}_k = B_k + \sum_{i=1}^{N} \phi_i \partial_q^{-1} \psi_i \tag{6.7a}$$

其中, ϕ_i 和 ψ_i 满足下面的方程

$$\phi_{i,t_n} = B_n(\phi_i), \quad \psi_{i,t_n} = -B_n^*(\psi_i), \ i = 1, \cdots, N \tag{6.7b}$$

现在引入一个新的 Lax 型方程

$$L_{\tau_k} = [B_k + \sum_{i=1}^{N} \phi_i \partial_q^{-1} \psi_i, \ L] \tag{6.8a}$$

其中

$$\phi_{i,t_n} = B_n(\phi_i), \quad \psi_{i,t_n} = -B_n^*(\psi_i), \ i = 1, \cdots, N \tag{6.8b}$$

对算子 B_n 有下面的引理.

引理 6.1　$[B_n, \phi \partial_q^{-1} \psi]_- = B_n(\phi) \partial_q^{-1} \psi - \phi \partial_q^{-1} B_n^*(\psi)$.

证明: 不失一般性, 考虑单项式 $P = a \partial_q^n \ (n \geqslant 1)$, 则有

$$[P, \phi \partial_q^{-1} \psi]_- = a(\partial_q^n(\phi)) \partial_q^{-1} \psi - (\phi \partial_q^{-1} \psi a \partial_q^n)_-$$

注意到该式中的第二项可改写为

$$\begin{aligned}
(\phi \partial_q^{-1} \psi a \partial_q^n)_- &= \phi(\theta^{-1}(\psi a)) \partial_q^{n-1} - \phi \partial_q^{-1}(\partial_q \theta^{-1}(a\psi)) \partial_q^{n-1})_- \\
&= (\phi \partial_q^{-1}(-\partial_q \theta^{-1}(a\psi)) \partial_q^{n-1})_- = \cdots \\
&= \phi \partial_q^{-1} \left((-\partial_q \theta^{-1})^n(a\psi)\right) = \phi \partial_q^{-1} P^*(\psi) \qquad \square
\end{aligned}$$

基于引理 6.1, 有如下结论.

命题 6.1　式 (6.1) 和式 (6.8) 给出如下新的扩展的 q-形变的 KP 方程族:

$$B_{n,\tau_k} - \left(B_k + \sum_{i=1}^{N} \phi_i \partial_q^{-1} \psi_i\right)_{t_n} + \left[B_n, B_k + \sum_{i=1}^{N} \phi_i \partial_q^{-1} \psi_i\right] = 0 \tag{6.9a}$$

$$\phi_{i,t_n} = B_n(\phi_i) \tag{6.9b}$$

$$\psi_{i,t_n} = -B_n^*(\psi_i), \quad i = 1, \cdots, N \tag{6.9c}$$

证明: 下面将证明在条件 (6.8b) 下, 式 (6.1) 和式 (6.8a) 给出式 (6.9a). 为方便起见, 假设 $N = 1$ 并分别用 ϕ 和 ψ 表示 ϕ_1 和 ψ_1. 利用式 (6.1), 式 (6.8) 和引理 6.1, 得

$$B_{n,\tau_k} = (L_{\tau_k}^n)_+ = [B_k + \phi \partial_q^{-1} \psi, L^n]_+$$

$$= [B_k + \phi \partial_q^{-1} \psi, L_+^n]_+ + [B_k + \phi \partial_q^{-1} \psi, L_-^n]_+$$

$$= [B_k + \phi \partial_q^{-1} \psi, L_+^n] - [B_k + \phi \partial_q^{-1} \psi, L_+^n]_- + [B_k, L_-^n]_+$$

$$= [B_k + \phi \partial_q^{-1} \psi, B_n] - [\phi \partial_q^{-1} \psi, B_n]_- + [B_n, L^k]_+$$

$$= [B_k + \phi \partial_q^{-1} \psi, B_n] + B_n(\phi) \partial_q^{-1} \psi - \phi \partial_q^{-1} B_n^*(\psi) + B_{k,t_n}$$

$$= [B_k + \phi \partial_q^{-1} \psi, B_n] + (B_k + \phi \partial_q^{-1} \psi)_{t_n}$$

在条件 (6.9b) 和 (6.9c) 下可给出式 (6.9a) 的 Lax 表示:

$$\Psi_{\tau_k} = \left(B_k + \sum_{i=1}^N \phi_i \partial_q^{-1} \psi_i \right)(\Psi) \tag{6.10a}$$

$$\Psi_{t_n} = B_n(\Psi) \tag{6.10b}$$

$\square$

注 6.1　我们方法的主要步骤是定义新的 Lax 方程 (6.8). 对扩展的 KP 方程族[77], 令 $L^k = B_k + \sum_{i=1}^N \phi_i \partial^{-1} \psi_i$, 可以得到类似于 (6.8) 的公式. 这里, 公式 (6.8) 也可以通过 q-KP 方程族的 k 约束得到[76]. 这样, 通过在新的 q-KP 方程族去掉 τ_k-流和 t_n-流, 可分别得到带源的 k-约束的 q-KP 族和 q-Gelfand-Dickey 族.

注 6.2　当取 $\phi_i = \psi_i = 0$ $(i = 1, \cdots, N)$ 时, 扩展的 q-KP 族 (6.9) 可约化为 q-KP 族.

注 6.3　由文献 [78]、[79] 知从正则时间尺度上的 "拟微分算子" 代数可以构造可积系统, 这里的 q-"拟微分算子" 代数是一种特殊情形. 事实上, 我们提出的构造新的扩展可积系统的方法可以推广到一般情形.

方便起见, 我们列出一些算子

$$B_1 = \partial_q + u_0, B_2 = \partial_q^2 + v_1 \partial_q + v_0, B_3 = \partial_q^3 + s_2 \partial_q^2 + s_1 \partial_q + s_0$$

$$\phi_i \partial_q^{-1} \psi_i = r_{i1} \partial_q^{-1} + r_{i2} \partial_q^{-2} + r_{i3} \partial_q^{-3} + \cdots, \qquad i = 1, \cdots, N$$

其中

$$v_1 = \theta(u_0) + u_0, v_0 = (\partial_q u_0) + \theta(u_1) + u_0^2 + u_1$$

$$v_{-1} = (\partial_q u_1) + \theta(u_2) + u_0 u_1 + u_1 \theta^{-1}(u_0) + u_2 s_2 = \theta(v_1) + u_0$$

$$s_1 = (\partial_q v_1) + \theta(v_0) + u_0 v_1 + u_1$$

$$s_0 = (\partial_q v_0) + \theta(v_{-1}) + u_0 v_0 + u_1 \theta^{-1}(v_1) + u_2$$

$$r_{i1} = \phi_i\theta^{-1}(\psi_i), r_{i2} = -\frac{1}{q}\phi_i\theta^{-2}(\partial_q\psi_i), r_{i3} = \frac{1}{q^3}\phi_i\theta^{-3}(\partial_q^2\psi_i)$$

这里 v_{-1} 来自于 $L^2 = B_2 + v_{-1}\partial_q^{-1} + v_{-2}\partial_q^{-2} + \cdots$.

然后, 可以计算出下面的交换子:

$$[B_2, B_3] = f_2\partial_q^2 + f_1\partial_q + f_0, \qquad [B_2, \phi_i\partial_q^{-1}\psi_i] = g_{i1}\partial_q + g_{i0} + \cdots$$

$$[B_3, \phi_i\partial_q^{-1}\psi_i] = h_{i2}\partial_q^2 + h_{i1}\partial_q + h_{i0} + \cdots, \qquad i = 1,\cdots,N$$

其中

$$f_2 = \partial_q^2 s_2 + (q+1)\theta(\partial_q s_1) + \theta^2(s_0) + v_1\partial_q s_2 + v_1\theta(s_1) + v_0 s_2$$
$$- (q^2+q+1)\theta(\partial_q^2 v_1) - (q^2+q+1)\theta^2(\partial_q v_0)$$
$$- (q+1)s_2\theta(\partial_q v_1) - s_2\theta^2(v_0) - s_1\theta(v_1) - s_0$$

$$f_1 = \partial_q^2 s_1 + (q+1)\theta(\partial_q s_0) + v_1\partial_q s_1 + v_1\theta(s_0) + v_0 s_1 - \partial_q^3 v_1$$
$$- (q^2+q+1)\theta(\partial_q^2 v_0) - s_2\partial_q^2 v_1 - (q+1)s_2\theta(\partial_q v_0)$$
$$- s_1\partial_q v_1 - s_1\theta(v_0) - s_0 v_1$$

$$f_0 = \partial_q^2 s_0 + v_1\partial_q s_0 - \partial_q^3 v_0 - s_2\partial_q^2 v_0 - s_1\partial_q v_0$$

$$g_{i1} = \theta^2(r_{i1}) - r_{i1}$$

$$g_{i0} = (q+1)\theta(\partial_q r_{i1}) + \theta^2(r_{i2}) + v_1\theta(r_{i1}) - r_{i1}\theta^{-1}(v_1) - r_{i2}$$

$$h_{i2} = \theta^3(r_{i1}) - r_{i1}$$

$$h_{i1} = (q^2+q+1)\theta^2(\partial_q r_{i1}) + \theta^3(r_{i2}) + s_2\theta^2(r_{i1}) - r_{i1}\theta^{-1}(s_2)$$

$$h_{i0} = (q^2+q+1)\theta(\partial_q^2 r_{i1}) + (q^2+q+1)\theta^2(\partial_q r_{i2}) + \theta^3(r_{i3}) + (q+1)s_2\theta(\partial_q r_{i1})$$
$$+ s_2\theta^2(r_{i2}) + s_1\theta(r_{i1}) - r_{i1}\theta^{-1}(s_1) + \frac{1}{q}r_{i1}\theta^{-2}(\partial_q s_2) - r_{i2}\theta^{-2}(s_2) - r_{i3}$$

下面给出一些具体的例子.

例 6.1 [第一型 q-KPSCS] 当 $n=2$, $k=3$ 时, 由式 (6.9) 可得到第一型带自相容源的 q-形变的 KP 方程 (q-KPSCS-I)

$$-\frac{\partial s_2}{\partial t_2} + f_2 = 0 \tag{6.11a}$$

$$\frac{\partial v_1}{\partial \tau_3} - \frac{\partial s_1}{\partial t_2} + f_1 + \sum_{i=1}^{N} g_{i1} = 0 \tag{6.11b}$$

$$\frac{\partial v_0}{\partial \tau_3} - \frac{\partial s_0}{\partial t_2} + f_0 + \sum_{i=1}^{N} g_{i0} = 0 \tag{6.11c}$$

$$\phi_{i,t_2} = B_2(\phi_i),\ \psi_{i,t_2} = -B_2^*(\psi_i), i = 1, \cdots, N \tag{6.11d}$$

方程 (6.11) 的 Lax 表示为

$$\Psi_{\tau_3} = \left(\partial_q^3 + s_2 \partial_q^2 + s_1 \partial_q + s_0 + \sum_{i=1}^{N} \phi_i \partial_q^{-1} \psi_i \right)(\Psi)$$

$$\Psi_{t_2} = (\partial_q^2 + v_1 \partial_q + v_0)(\Psi)$$

令 $q \to 1$ 且 $u_0 \equiv 0$, 则 q-KPSCS-I (式 (6.11)) 约化为第一型带自相容源的 KP 方程 (KPSCS-I)[80,81]

$$u_{1,t_2} - u_{1,xx} - 2u_{2,x} = 0$$

$$2u_{1,\tau_3} - 3u_{2,t_2} - 3u_{1,x,t_2} + u_{1,xxx} + 3u_{2,xx} - 6u_1 u_{1,x} + 2\partial_x \sum_{i=1}^{N} \phi_i \psi_i = 0$$

$$\phi_{i,t_2} - \phi_{i,xx} - 2u_1 \phi_i = 0,\ \psi_{i,t_2} + \psi_{i,xx} + 2u_1 \psi_i = 0,\ i = 1, \cdots, N$$

例 6.2 [第二型 q-形变的 KPSCS]　当 $n = 3$, $k = 2$ 时, 由方程 (6.9) 可得到第二型带自相容源的 q-形变的 KP 方程 (q-KPSCS-II)

$$\frac{\partial s_2}{\partial \tau_2} - f_2 + \sum_{i=1}^{N} h_{i2} = 0 \tag{6.12a}$$

$$\frac{\partial s_1}{\partial \tau_2} - \frac{\partial v_1}{\partial t_3} - f_1 + \sum_{i=1}^{N} h_{i1} = 0 \tag{6.12b}$$

$$\frac{\partial s_0}{\partial \tau_2} - \frac{\partial v_0}{\partial t_3} - f_0 + \sum_{i=1}^{N} h_{i0} = 0 \tag{6.12c}$$

$$\phi_{i,t_3} = B_3(\phi_i), \psi_{i,t_3} = -B_3^*(\psi_i), i = 1, \cdots, N \tag{6.12d}$$

方程 (6.12) 的 Lax 表示为

$$\Psi_{\tau_2} = \left(\partial_q^2 + v_1 \partial_q + v_0 + \sum_{i=1}^{N} \phi_i \partial_q^{-1} \psi_i \right)(\Psi) \tag{6.13a}$$

$$\Psi_{t_3} = (\partial_q^3 + s_2\partial_q^2 + s_1\partial_q + s_0)(\Psi) \tag{6.13b}$$

令 $q \to 1$ 且 $u_0 \equiv 0$, 则 q-KPSCS-II (式 (6.12)) 约化为第二型带自相容源 KP 方程 (KPSCS-II)[80]

$$u_{1,\tau_2} - u_{1,xx} - 2u_{2,x} + \partial_x \sum_{i=1}^{N} \phi_i\psi_i = 0$$

$$3u_{2,\tau_2} + 3u_{1,x,\tau_2} - 2u_{1,t_3} - u_{1,xxx} + 6u_1u_{1,x} - 3u_{2,xx} + 3\partial_x \sum_{i=1}^{N} \phi_{i,x}\psi_i = 0$$

$$\phi_{i,t_3} - \phi_{i,xxx} - 3u_1\phi_{i,x} - 3(u_{1,x} + u_2)\phi_i = 0$$

$$\psi_{i,t_3} - \psi_{i,xxx} - 3u_1\psi_{i,x} + 3u_2\psi_i = 0, \ i = 1, \cdots, N$$

6.1.1 n-约化

新的扩展的 q-形变的 KP 方程族可约化为 q-形变的 $(1+1)$-维系统. 考虑如下 n-约化:

$$L^n = B_n \quad \text{或} \quad L_-^n = 0 \tag{6.14}$$

则由式 (6.5) 得到

$$B_n(\phi_i) = L^n\phi_i = \zeta_i^n\phi_i \tag{6.15a}$$

$$-B_n^*(\psi_i) = -L^{n*}\psi_i = -\zeta_i^n\psi_i \tag{6.15b}$$

利用引理 6.1 和式 (6.15) 知约束 (6.14) 在 τ_k-流下是不变的.

$$\begin{aligned}
(L_-^n)_{\tau_k} &= [B_k, L^n]_- + \sum_{i=1}^{N} [\phi_i\partial_q^{-1}\psi_i, L^n]_- \\
&= [B_k, L_-^n]_- + \sum_{i=1}^{N} [\phi_i\partial_q^{-1}\psi_i, L_+^n]_- + \sum_{i=1}^{N} [\phi_i\partial_q^{-1}\psi_i, L_-^n]_- \\
&= \sum_{i=1}^{N} [\phi_i\partial_q^{-1}\psi_i, B_n]_- = -\sum_{i=1}^{N} (\phi_{i,t_n}\partial_q^{-1}\psi_i + \phi_i\partial_q^{-1}\psi_{i,t_n}) \\
&= -\sum_{i=1}^{N} (\zeta_i^n\phi_i\partial_q^{-1}\psi_i - \zeta_i^n\phi_i\partial_q^{-1}\psi_i) = 0
\end{aligned} \tag{6.16}$$

方程 (6.14) 和方程 (6.4) 暗示 $S_{t_n} = 0$, 因此 $(L^k)_{t_n} = 0$, 由该条件结合式 (6.16) 并从式 (6.9) 中去掉对 t_n 的依赖性可得

$$B_{n,\tau_k} = \left[(B_n)^{\frac{k}{n}}_+ + \sum_{i=1}^{N} \phi_i \partial_q^{-1} \psi_i, B_n \right] \tag{6.17a}$$

$$B_n(\phi_i) = \zeta_i^n \phi_i \tag{6.17b}$$

$$B_n^*(\psi_i) = \zeta_i^n \psi_i, \quad i = 1, \cdots, N \tag{6.17c}$$

系统 (6.17) 就是带自相容源的 q-形变的 Gelfand-Dickey 族.

例 6.3 [第一型 q-形变的 KdVSCS] 当 $n = 2, k = 3$, 式 (6.17) 给出第一型带自相容源的 q-形变的 KdV 方程 (q-KdVSCS-I)

$$v_{1,\tau_3} + f_1 + \sum_{i=1}^{N} g_{i1} = 0 \tag{6.18a}$$

$$v_{0,\tau_3} + f_0 + \sum_{i=1}^{N} g_{i0} = 0 \tag{6.18b}$$

$$u_2 + \theta(u_2) + \partial_q(u_1) + u_0 u_1 + u_1 \theta^{-1}(u_0) = 0 \tag{6.18c}$$

$$(\partial_q^2 + v_1 \partial_q + v_0)(\phi_i) - \zeta^2 \phi_i = 0 \tag{6.18d}$$

$$(\partial_q^2 + v_1 \partial_q + v_0)^*(\psi_i) - \zeta^2 \psi_i = 0, \quad i = 1, \cdots, N \tag{6.18e}$$

和 Lax 表示

$$\Psi_{\tau_3} = (\partial_q^3 + s_2 \partial_q^2 + s_1 \partial_q + s_0 + \sum_{i=1}^{N} \phi_i \partial_q^{-1} \psi_i)(\Psi)$$

$$(\partial_q^2 + v_1 \partial_q + v_0)(\Psi) = \lambda \Psi$$

$$u_2 + \theta(u_2) + \partial_q(u_1) + u_0 u_1 + u_1 \theta^{-1}(u_0) = 0$$

令 $q \to 1, u_0 \equiv 0$, 则 q-KdVSCS-I (式 (6.18)) 约化为第一型带自相容源的 KdV 方程 (KdVSCS-I)

$$u_2 = -\frac{1}{2} u_{1,x}$$

$$u_{1,\tau_3} - 3 u_1 u_{1,x} - \frac{1}{4} u_{1,xxx} + \partial_x \sum_{i=1}^{N} \phi_i \psi_i = 0$$

$$\phi_{i,xx} + 2 u_1 \phi_i - \zeta^2 \phi_i = 0$$

$$\psi_{i,xx} + 2u_1\psi_i - \zeta^2\psi_i = 0, \qquad i = 1, \cdots, N$$

KdVSCS-I 可以利用反散射方法[82,83] 或者达布变换[84] 求解.

例 6.4 [第一型 q-BESCS] 当 $n = 3$, $k = 2$ 时, 由式 (6.17) 得到第一型带自相容源的 q-形变的 Boussinesq 方程 (q-BESCS-I)

$$s_{2,\tau_2} - f_2 + \sum_{i=1}^{N} h_{i2} = 0 \tag{6.19a}$$

$$s_{1,\tau_2} - f_1 + \sum_{i=1}^{N} h_{i1} = 0 \tag{6.19b}$$

$$s_{0,\tau_2} - f_0 + \sum_{i=1}^{N} h_{i0} = 0 \tag{6.19c}$$

$$(\partial_q^3 + s_2\partial_q^2 + s_1\partial_q + s_0)(\phi_i) - \zeta^3\phi_i = 0 \tag{6.19d}$$

$$(\partial_q^3 + s_2\partial_q^2 + s_1\partial_q + s_0)^*(\psi_i) - \zeta^3\psi_i = 0, \ i = 1, \cdots, N \tag{6.19e}$$

及 Lax 表示

$$\Psi_{\tau_2} = \left(\partial_q^2 + v_1\partial_q + v_0 + \sum_{i=1}^{N} \phi_i\partial_q^{-1}\psi_i\right)(\Psi), \ (\partial_q^3 + s_2\partial_q^2 + s_1\partial_q + s_0)(\Psi) = \lambda\Psi$$

令 $q \to 1$, $u_0 \equiv 0$, 则 q-BESCS-I (式 (6.19)) 约化为第一型带自相容源的 Boussinesq 方程 (BESCS-I)

$$-2u_{2,x} - u_{1,xx} + u_{1,\tau_2} + \partial_x \sum_{i=1}^{N} \phi_i\psi_i = 0$$

$$3u_{2,\tau_2} - 3u_{2,xx} + 3u_{1,x,\tau_2} + 6u_1u_{1,x} - u_{1,xxx} + 3\partial_x \sum_{i=1}^{N} \phi_{i,x}\psi_i = 0$$

$$\phi_{i,xxx} + 3u_1\phi_{i,x} + 3(u_{1,x} + u_2)\phi_i - \zeta^3\phi_i = 0$$

$$\psi_{i,xxx} + 3u_1\psi_{i,x} - 3u_2\psi_i + \zeta^3\psi_i = 0, \quad i = 1, \cdots, N$$

6.1.2 k-约化

考虑如下 k-约束[85,86]:

$$L^k = B_k + \sum_{i=1}^{N} \phi_i\partial_q^{-1}\psi_i \tag{6.20}$$

利用上述 k-约束, 可以证明 L 和 B_n 不依赖 τ_k. 从式 (6.9) 中去掉 τ_k, 得到

$$\left(B_k + \sum_{i=1}^{N} \phi_i \partial_q^{-1} \psi_i\right)_{t_n} = \left[\left(B_k + \sum_{i=1}^{N} \phi_i \partial_q^{-1} \psi_i\right)_+^{\frac{n}{k}}, B_k + \sum_{i=1}^{N} \phi_i \partial_q^{-1} \psi_i\right]$$

$$\phi_{i,t_n} = \left(B_k + \sum_{j=1}^{N} \phi_j \partial_q^{-1} \psi_j\right)_+^{\frac{n}{k}} (\phi_i) \tag{6.21}$$

$$\psi_{i,t_n} = -\left(B_k + \sum_{j=1}^{N} \phi_j \partial_q^{-1} \psi_j\right)_+^{\frac{n}{k}*} (\psi_i), \quad i = 1, \cdots, N$$

这就是约束的 q-形变的 KP 方程族, 其解可由 q-形变的 Wronskian 行列式表示[87].

注 6.4　在文献 [78]、[79] 中, k-约束 q-KP 族通过对 q-KP 族施加 k-约束而得到. 这里, k-约束的 q-KP 族直接从扩展的 q-KP 族 (式 (6.9)) 通过利用 k-约束删除 τ_k 依赖关系而获得.

例 6.5　[第二型 q-KdVSCS]　当 $n = 3$, $k = 2$, 约束的 q-形变的 KP 方程族 (6.21) 给出第二型带自相容源的 q-形变的 KdV 方程 (q-KdVSCS-II)

$$v_{1,t_3} + f_1 - \sum_{i=1}^{N} h_{i1} = 0 \tag{6.22a}$$

$$v_{0,t_3} + f_0 - \sum_{i=1}^{N} h_{i0} = 0 \tag{6.22b}$$

$$u_2 + \theta(u_2) + \partial_q(u_1) + u_0 u_1 + u_1 \theta^{-1}(u_0) - \sum_{i=1}^{N} r_{i1} = 0 \tag{6.22c}$$

$$\phi_{i,t_3} = (\partial_q^3 + s_2 \partial_q^2 + s_1 \partial_q + s_0)(\phi_i) \tag{6.22d}$$

$$\psi_{i,t_3} = -(\partial_q^3 + s_2 \partial_q^2 + s_1 \partial_q + s_0)^*(\psi_i), \ i = 1, \cdots, N \tag{6.22e}$$

令 $q \to 1$ 且 $u_0 \equiv 0$, 则 q-KdVSCS-II (式 (6.22)) 约化为第二型带自相容源的 KdV 方程 (KdVSCS-II 或 Yajima-Oikawa 方程)

$$u_2 = -\frac{1}{2} u_{1,x} + \frac{1}{2} \sum_{i=1}^{N} \phi_i \psi_i$$

$$u_{1,t_3} = \frac{1}{4} u_{1,xxx} + 3 u_1 u_{1,x} + \frac{3}{4} \sum_{i=1}^{N} (\phi_{i,xx} \psi_i - \phi_i \psi_{i,xx})$$

$$\phi_{i,t_3} = \phi_{i,xxx} + 3u_1\phi_{i,x} + \frac{3}{2}u_{1,x}\phi_i + \frac{3}{2}\phi_i \sum_{j=1}^{N} \phi_j\psi_j$$

$$\psi_{i,t_3} = \psi_{i,xxx} + 3u_1\psi_{i,x} + \frac{3}{2}u_{1,x}\psi_i - \frac{3}{2}\psi_i \sum_{i=1}^{N} \phi_j\psi_j, \ i = 1, \cdots, N$$

例 6.6 [第二型 q-BESCS] 当 $n = 2$, $k = 3$, 式 (6.21) 给出第二型带自相容源的 q-形变的 Boussinesq 方程 (q-BESCS-II)

$$s_{2,t_2} - f_2 = 0 \tag{6.23a}$$

$$s_{1,t_2} - f_1 - \sum_{i=1}^{N} g_{i1} = 0 \tag{6.23b}$$

$$s_{0,t_2} - f_0 - \sum_{i=1}^{N} g_{i0} = 0 \tag{6.23c}$$

$$\phi_{i,t_2} = (\partial_q^2 + v_1\partial_q + v_0)(\phi_i) \tag{6.23d}$$

$$\psi_{i,t_2} = -(\partial_q^2 + v_1\partial_q + v_0)^*(\psi_i), \ i = 1, \cdots, N \tag{6.23e}$$

令 $q \to 1$ 且 $u_0 \equiv 0$, 则 q-BESCS-II 约化为第二型带自相容源的 Boussinesq 方程 (BESCS-II)

$$-2u_{2,x} - u_{1,xx} + u_{1,t_2} = 0$$

$$3u_{2,t_2} - 3u_{2,xx} + 3u_{1,x,t_2} + 6u_1u_{1,x} - u_{1,xxx} - 2\partial_x \sum_{i=1}^{N} \phi_i\psi_i = 0$$

$$\phi_{i,t_2} = \phi_{i,xx} + 2u_1\phi_i$$

$$\psi_{i,t_2} = -\psi_{i,xx} - 2u_1\psi_i, \ i = 1, \cdots, N$$

6.1.3 广义穿衣法

首先, 我们回忆一下 q-KP 方程族的穿衣法[50]. 假设 q-KP 族 (式 (6.1)) 的算子 L 可以写成穿衣形式

$$L = S\partial_q S^{-1} \tag{6.24}$$

其中, $S = \partial_q^N + w_1\partial_q^{N-1} + w_2\partial_q^{N-2} + \cdots + w_N$.

易证如果 S 满足

$$S_{t_n} = -L_-^n S \tag{6.25}$$

则 L 满足式 (6.1).

如果存在 N 个独立函数 $h_1, \cdots, h_N$ 满足 $S(h_i) = 0$, 则 $w_1, \cdots, w_N$ 完全通过求解下面的线性方程来确定：

$$
\begin{bmatrix}
h_1 & \partial_q(h_1) & \cdots & \partial_q^{N-1}(h_1) \\
h_2 & \partial_q(h_2) & \cdots & \partial_q^{N-1}(h_2) \\
\vdots & \vdots & & \vdots \\
h_N & \partial_q(h_N) & \cdots & \partial_q^{N-1}(h_N)
\end{bmatrix}
\begin{bmatrix}
w_N \\ w_{N-1} \\ \vdots \\ w_1
\end{bmatrix}
= -
\begin{bmatrix}
\partial_q^N(h_1) \\ \partial_q^N(h_2) \\ \vdots \\ \partial_q^N(h_N)
\end{bmatrix}
\tag{6.26}
$$

于是算子 S 可写成

$$
S = \frac{1}{\mathrm{Wrd}(h_1, \cdots, h_N)}
\begin{vmatrix}
h_1 & h_2 & \cdots & h_N & 1 \\
\partial_q(h_1) & \partial_q(h_2) & \cdots & \partial_q(h_N) & \partial_q \\
\vdots & \vdots & & \vdots & \vdots \\
\partial_q^N(h_1) & \partial_q^N(h_2) & \cdots & \partial_q^N(h_N) & \partial_q^N
\end{vmatrix}
\tag{6.27}
$$

其中

$$
\mathrm{Wrd}(h_1, \cdots, h_N) =
\begin{vmatrix}
h_1 & h_2 & \cdots & h_N \\
\partial_q(h_1) & \partial_q(h_2) & \cdots & \partial_q(h_N) \\
\vdots & \vdots & & \vdots \\
\partial_q^{N-1}(h_1) & \partial_q^{N-1}(h_2) & \cdots & \partial_q^{N-1}(h_N)
\end{vmatrix}
$$

S 的分母实际上是 q-形变的 Wronskian 行列式, 因此, 可以将它记为 $\mathrm{Wrd}(h_1, \cdots, h_N)$. S 的分子记为 $\mathrm{Wrd}(h_1, \cdots, h_N, \partial_q)$, 这是一个形式行列式, 表示对其最后一列的展开, 其中所有子行列式位于差分算子 $\cdot \partial_q^j$ 的左侧. 这样定义的穿衣算子 L 和算子 S 有下面的性质.

命题 6.2　假设 h_i 满足

$$
h_{i,t_n} = \partial_q^n(h_i), \quad i = 1, \cdots, N
\tag{6.28}
$$

则由式 (6.27) 和式 (6.24) 给出的 S 和 L 满足式 (6.25) 和式 (6.8).

证明：在方程 $S(h_i) = 0$ 两边取偏导数 ∂_{t_n} 得

$$
S_{t_n}(h_i) + S\partial_q^n(h_i) = (S_{t_n} + L_+^n S + L_-^n S)(h_i)
$$
$$
= (S_{t_n} + L_-^n S)(h_i) = 0, \quad i = 1, \cdots, N
$$

因为 $L_-^n S = L^n S - L_+^n S = S\partial_q^n - L_+^n S$, $L_-^n S$ 是阶数小于 N 的非负差分算子, 所以 $S_{t_n} + L_-^n S$ 也是阶数小于 N 的差分算子. 根据差分方程理论知 $S_{t_n} + L_-^n S$ 是零算子.　　　　　　　　　　　　□

这样, 我们得到了 q-KP 方程族的穿衣法. 遗憾的是 q-KP 方程族的穿衣法不能给出关于扩展变量 τ_k 的演化. 现在我们将穿衣法推广到扩展的 q-KP 方程族, 并给出 ϕ_i 和 ψ_i 精确公式. 为此需要以下引理.

引理 6.2 对任一 q-拟算子 S, 如果 S 满足

$$S_{t_n} = -L_-^n S \tag{6.29a}$$

$$S_{\tau_k} = -L_-^k S + \sum_{i=1}^{N} \phi_i \partial_q^{-1} \psi_i S \tag{6.29b}$$

则 L 满足式 (6.8a) 和式 (6.1).

证明: 前面已证 L 满足式 (6.1), 关于 L 满足式 (6.8a) 的证明可通过直接计算得到

$$L_{\tau_k} = S_{\tau_k} \partial_q S^{-1} - S \partial_q S^{-1} S_{\tau_k} S^{-1} = \left(-L_-^k + \sum_i \phi_i \partial_q^{-1} \psi_i \right) L$$

$$= +L\left(L_-^k - \sum_i \phi_i \partial_q^{-1} \psi_i \right)\left[-L_-^k + \sum_i \phi_i \partial_q^{-1} \psi_i, L \right] = \left[B_k + \sum_{i=1}^{N} \phi_i \partial_q^{-1} \psi_i, L \right]$$

$$\square$$

穿衣算子 S 构造如下. 令 f_i 和 g_i 满足

$$f_{i,t_n} = \partial_q^n(f_i), \quad f_{i,\tau_k} = \partial_q^k(f_i) \tag{6.30a}$$

$$g_{i,t_n} = \partial_q^n(g_i), \quad g_{i,\tau_k} = \partial_q^k(g_i), \quad i = 1, \cdots, N \tag{6.30b}$$

h_i 是 f_i 和 g_i 的线性组合, 表示为

$$h_i = f_i + \alpha_i(\tau_k)g_i, \; i = 1, \cdots, N \tag{6.31}$$

其中, 系数 α_i 是 τ_k 的可微函数. 假设 $h_1, \cdots, h_N$ 是线性无关的, 根据命题 6.2 知由式 (6.27) 定义的 S 依然满足式 (6.29a). 为了说明 S 满足式 (6.29b), 定义

$$\phi_i = -\dot{\alpha}_i S(g_i), \quad \psi_i = (-1)^{N-i}\theta\left(\frac{\mathrm{Wr}(h_1, \cdots, \hat{h}_i, \cdots, h_N)}{\mathrm{Wr}(h_1, \cdots, h_N)} \right) \tag{6.32}$$

其中, ^ 表示从 q-形变的 Wronskian 行列式中删掉该项, $\dot{\alpha}_i = \dfrac{\mathrm{d}\alpha_i}{\mathrm{d}\tau_k}$. 于是得到下面的命题.

命题 6.3 设 S 由式 (6.27) 和式 (6.31) 定义, $L = S\partial_q S^{-1}$, ϕ_i 和 ψ_i 由式 (6.32) 定义, 则 S 满足式 (6.29), L, ϕ_i 和 ψ_i 满足扩展的 q-形变的 KP 方程族 (6.8).

为了证明命题 6.3, 需要以下四个引理. 第一个是 Oevel 和 Strampp 引理[88]的 q-形变版本.

引理 6.3 对于由式 (6.27) 和式 (6.31) 给出的 S, 由式 (6.32) 给出的 ϕ_i 和 ψ_i, 有

$$S^{-1} = \sum_{i=1}^{N} h_i \partial_q^{-1} \psi_i$$

证明: 式 (6.32) 定义的 $\psi_1, \cdots, \psi_N$ 满足下面的线性方程:

$$\sum_{i=1}^{N} \theta(\partial_q^j h_i) \circ \psi_i = \delta_{j,N-1}, \ j = 0, 1, \cdots, N-1 \tag{6.33}$$

其中, $\delta_{j,N-1}$ 是 Kronecker's delta 符号. 利用性质

$$f\partial_q^{-1} = \partial_q^{-1} \circ \theta(f) + \partial_q^{-1} \circ \partial_q(f)\partial_q^{-1} = \cdots = \sum_{j=0}^{\infty} \partial_q^{-j-1} \circ (\theta\partial_q^j(f))$$

得

$$\sum_{i=1}^{N} h_i \partial_q^{-1} \psi_i = \sum_{i=1}^{N} \sum_{j=0}^{\infty} \partial_q^{-j-1} \circ (\theta\partial_q^j(h_i)) \circ \psi_i$$

$$= \sum_{j=0}^{\infty} \partial_q^{-j-1} \circ \sum_{i=1}^{N} (\theta\partial_q^j(h_i)) \circ \psi_i$$

$$= \sum_{j=0}^{N-1} \partial_q^{-j-1} \delta_{j,N-1} + \sum_{j=N}^{\infty} \partial_q^{-j-1} \circ \sum_{i=1}^{N} (\theta\partial_q^j h_i) \circ \psi_i$$

$$= \partial_q^{-N} + O(\partial_q^{-N-1})$$

于是有

$$S \circ \sum_i h_i \partial_q^{-1} \psi_i = I + \left(S \sum_i h_i \partial_q^{-1} \psi_i \right)_- = I + \sum_i S(h_i)\partial_q^{-1}\psi_i = I \tag{6.34}$$

这就完成了证明. □

引理 6.4 对于由式 (6.32) 定义的 ψ_i, 有 $\partial_q^{-1} S^*(\psi_i) = 0$, $i = 1, \cdots, N$.

证明: 由引理 6.1 知

$$(\partial_q^{-1} \psi_i S)_- = \partial_q^{-1} S^*(\psi_i) \tag{6.35}$$

利用引理 6.3, 得

$$0 = (\partial_q^j S^{-1} \circ S)_- = \left(\partial_q^j \sum_{i=1}^N h_i \partial_q^{-1} \psi_i S \right)_- = \left(\sum_{i=1}^N \partial_q^j(h_i) \partial_q^{-1} \psi_i S \right)_-$$

$$= \sum_{i=1}^N \partial_q^j(h_i) \partial_q^{-1} S^*(\psi_i), \ j = 0, 1, 2, \cdots$$

求解关于 $\partial_q^{-1} S^*(\psi_i)$ 的方程, 引理 6.4 得以证明. $\square$

引理 6.5 算子 $\partial_q^{-1} \psi_i S$ 为非负差分算子且满足

$$(\partial_q^{-1} \psi_i S)(h_j) = \delta_{ij}, \quad 1 \leqslant i, j \leqslant N \tag{6.36}$$

证明: 由引理 6.4 和式 (6.35) 知 $\partial_q^{-1} \phi_i S$ 是一个非负差分算子. 定义函数 $c_{ij} = (\partial_q^{-1} \psi_i S)(h_j)$, 则 $\partial_q(c_{ij}) = \psi_i S(h_j) = 0$, 这意味着 c_{ij} 在 q-形变意义下不依赖于 x. 由引理 6.3 知

$$\sum_{i=1}^N \partial_q^k(h_i) c_{ij} = \sum_{i=1}^N \partial_q^k(h_i c_{ij}) = \partial_q^k \left(\sum_{i=1}^N h_i c_{ij} \right) = \partial_q^k \left(\sum_i^N h_i \partial_q^{-1} \psi_i S(h_j) \right)$$

$$= \partial_q^k(S^{-1} S)(h_j) = \partial_q^k(h_j)$$

由于函数 $h_1, h_2, \cdots, h_N$ 是相互独立的, 很容易得到 $c_{ij} = \delta_{ij}$. $\square$

引理 6.6 对任意函数 $\{g_i\}_{i=1}^N$, 如果 $\sum_{i=1}^N h_i \partial_q^{-1} g_i = 0$, 则 $g_i = 0$.

证明: 要证明该引理, 只需证明

$$\sum_{i=1}^N \partial_q^k(h_i) \partial_q^{-1} g_i = 0, \ k = 0, 1, \cdots, N-1$$

当 $k = 0$, 从上述条件可得出结论, 且有

$$\sum_{i=1}^N h_i \partial_q^{-1} g_i = 0 \implies \sum_{i=1}^N h_i \theta^{-1}(g_i) = 0$$

假设 $\sum_{i=1}^{N} \partial_q^j(h_i)\partial_q^{-1}g_i = 0$, 则有 $\sum_{i=1}^{N} \partial_q^j(h_i)\theta^{-1}(g_i) = 0$

$$\sum_{i=1}^{N} \partial_q^{j+1}(h_i)\partial_q^{-1}g_i = \sum_{i=1}^{N}[\partial_q \circ \partial_q^j(h_i)]\partial_q^{-1}g_i - \sum_{i=1}^{N}\theta\partial_q^j(h_i)g_i$$

$$= \partial_q \circ \sum_{i=1}^{N}\partial_q^j(h_i)\partial_q^{-1}g_i - \theta\left(\sum_{i=1}^{N}\partial_q^j(h_i)\theta^{-1}g_i\right) = 0$$

这样, 就可以证明 $\sum_{i=1}^{N}\partial_q^k(h_i)\partial_q^{-1}g_i = 0,\ k = 0,1,\cdots,N-1$. 解关于 $\partial_q^{-1}g_i$ 的方程得到 $\partial_q^{-1}g_i = 0$, 于是有 $g_i = 0$.　　　　□

基于上述引理, 下面即可证明命题 6.3. 类似于命题 6.2 的证明, 可以证明式 (6.29a). 为了证明式 (6.29b), 在恒等式 $S(h_i) = 0$ 两边关于 ∂_{τ_k} 求导得

$$0 = (S_{\tau_k})(h_i) + (S\partial_q^k)(h_i) + \dot{\alpha}_iS(g_i) = (S_{\tau_k})(h_i) + (L^kS)(h_i) - \sum_{j=1}^{N}\phi_j\delta_{ji}$$

$$= \left(S_{\tau_k} + L_-^kS - \sum_{j=1}^{N}\phi_j\partial_q^{-1}\psi_jS\right)(h_i)$$

很明显, $S_{\tau_k}+L_-^kS$ 是阶数小于 N 的纯差分算子. 再由引理 6.5 知 $\sum_{j=1}^{N}\phi_j\partial_q^{-1}\psi_jS$ 也是阶数小于 N 的纯差分算子. 因此 $S_{\tau_k} + L_-^kS - \sum_{j=1}^{N}\phi_j\partial_q^{-1}\psi_jS$ 是阶数小于 N 的纯差分算子. 由于最后一个表达式中作用于 h_i 的非负差分算子的阶数小于 N, 除非算子本身消失, 否则它不能消掉 N 个独立函数. 因此式 (6.29) 得以证明. 然后由引理 6.2 可知式 (6.1) 和式 (6.8a) 成立.

下面证明式 (6.8b) 中的第一个方程.

$$\phi_{i,t_n} = -\dot{\alpha}_i(S(g_i))_{t_n} = -\dot{\alpha}(S_{t_n} + S\partial_q^n)(g_i)$$

$$= -\dot{\alpha}_i(-L_-^nS + L^nS)(g_i) = -\dot{\alpha}B_nS(g_i) = B_n(\phi_i)$$

现在只剩式 (6.8b) 中第二个方程有待证明. 首先有

$$(S^{-1})_{t_n} = ((S^{-1})_{t_n})_- = (-S^{-1}S_{t_n}S^{-1})_- = (S^{-1}(L^n - B_n))_-$$

$$= (\partial_q^nS^{-1})_- - (S^{-1}B_n)_- = \left(\partial_q^n\sum_{i=1}^{N}h_i\partial_q^{-1}\psi_i\right)_- - \left(\sum_{i=1}^{N}h_i\partial_q^{-1}\psi_iB_n\right)_-$$

$$= \sum_{i=1}^{N}\partial_q^n(h_i)\partial_q^{-1}\psi_i - \sum_{i=1}^{N}h_i\partial_q^{-1}B_n^*(\psi_i)$$

另一方面 $(S^{-1})_{t_n} = (\sum_{i=1}^{N} h_i \partial_q^{-1} \psi_i)_{tn} = \sum_{i=1}^{N} \partial_q^n(h_i) \partial_q^{-1} \psi_i - \sum_{i=1}^{N} h_i \partial_q^{-1} \psi_{i,t_n}$, 故有 $\sum_{i=1}^{N} h_i \partial_q^{-1}(B_n^*(\psi_i) + \psi_{i,t_n}) = 0$. 由引理 6.6 可得 $\psi_{i,t_n} = -B_n^*(\psi_i)$.

6.2 扩展的 q-形变的修正 KP 方程族和推广的穿衣法

6.2.1 扩展的 q-形变的修正 KP 方程族

q-形变的修正 KP 方程族的 Lax 算子 $\tilde{L}$ 定义为

$$\tilde{L} = \tilde{u}\partial_q + \tilde{u}_0 + \tilde{u}_1 \partial_q^{-1} + \tilde{u}_2 \partial_q^{-2} + \cdots$$

q-形变的修正 KP 方程族的 Lax 方程为

$$\tilde{L}_{t_n} = [\tilde{B}_n, \tilde{L}], \quad \tilde{B}_n = (\tilde{L}^n)_{\geqslant 1} \tag{6.37}$$

∂_{t_n}-流是相互交换的, 可以轻松导出零曲率方程

$$\tilde{B}_{n,t_m} - \tilde{B}_{m,t_n} + [\tilde{B}_n, \tilde{B}_m] = 0 \tag{6.38}$$

当 $n = 2$, $m = 3$ 时可得到 q-形变的修正 KP 方程. 如果令 $q \to 1$ 且 $\tilde{u} \equiv 1$, 则 q-形变的修正 KP 方程变为

$$4v_t - v_{xxx} + 6v^2 v_x - 3(\mathrm{D}^{-1} v_{yy}) - 6v_x(\mathrm{D}^{-1} v_y) = 0$$

其中, $t := t_3, y := t_2, v := \tilde{u}_0$.

根据平方特征函数对称, 扩展的 q-形变的修正 KP 方程族 (ext-qmKPH) 构造如下:

$$\tilde{L}_{\tau_k} = \left[\tilde{B}_k + \sum_{i=1}^{N} \tilde{\phi}_i \partial_q^{-1} \tilde{\psi}_i \partial_q, \tilde{L}\right] \tag{6.39a}$$

$$\tilde{L}_{t_n} = [\tilde{B}_n, \tilde{L}], \ \forall n \neq k \tag{6.39b}$$

$$\tilde{\phi}_{i,t_n} = \tilde{B}_n(\tilde{\phi}_i) \tag{6.39c}$$

$$\tilde{\psi}_{i,t_n} = -(\partial_q \tilde{B}_n \partial_q^{-1})^*(\tilde{\psi}_i), \ i = 1, \cdots, N \tag{6.39d}$$

利用与扩展的 q-KP 族中相同的方法, 可以得到 ext-qmKPH 的零曲率方程

$$\tilde{B}_{n,\tau_k} - \left(\tilde{B}_k + \sum_{i=1}^{N} \tilde{\phi}_i \partial_q^{-1} \tilde{\psi}_i \partial_q\right)_{t_n} + \left[\tilde{B}_n, \tilde{B}_k + \sum_{i=1}^{N} \tilde{\phi}_i \partial_q^{-1} \tilde{\psi}_i \partial_q\right] = 0 \tag{6.40}$$

在条件(6.39c)和 (6.39d)下, 可给出 ext-qmKP 族的 Lax 对

$$\Psi_{t_n} = \tilde{B}_n(\Psi), \quad \Psi_{\tau_k} = \left(\tilde{B}_k + \sum_{i=1}^{N} \tilde{\phi}_i \partial_q^{-1} \tilde{\psi}_i \partial_q \right)(\Psi)$$

首先, 为了方便我们列出一些算子

$$\tilde{B}_1 = \tilde{u} \partial_q, \tilde{B}_2 = \tilde{v}_2 \partial_q^2 + \tilde{v}_1 \partial_q$$

$$\tilde{B}_3 = \tilde{s}_3 \partial_q^3 + \tilde{s}_2 \partial_q^2 + \tilde{s}_1 \partial_q \tilde{\phi}_i \partial_q^{-1} \tilde{\psi}_i \partial_q = \tilde{r}_{i0} + \tilde{r}_{i1} \partial_q^{-1} + \tilde{r}_{i2} \partial_q^{-2} + \cdots, i = 1, \cdots, N$$

其中

$$\tilde{v}_2 = \tilde{u}\theta(\tilde{u}), \tilde{v}_1 = \tilde{u}(\theta(\tilde{u}_0) + \tilde{u}_0 + \partial_q(\tilde{u}))$$

$$\tilde{v}_0 = \tilde{u}_1\theta^{-1}(\tilde{u}) + \tilde{u}_0^2 + \tilde{u}\theta(\tilde{u}_1) + \tilde{u}\partial_q(\tilde{u}_0)$$

$$\tilde{s}_3 = \tilde{u}\theta(\tilde{v}_2), \tilde{s}_2 = \tilde{u}\partial_q(\tilde{v}_2) + \tilde{u}\theta(\tilde{v}_1) + \tilde{u}_0\tilde{v}_2$$

$$\tilde{s}_1 = \tilde{u}\partial_q(\tilde{v}_1) + \tilde{u}\theta(\tilde{v}_0) + \tilde{u}_0\tilde{v}_1 + \tilde{u}_1\theta^{-1}(\tilde{v}_2)$$

$$\tilde{r}_{i0} = \tilde{\phi}_i\theta^{-1}(\tilde{\psi}_i), \tilde{r}_{i1} = -\frac{1}{q}\tilde{\phi}_i\theta^{-2}(\partial_q\tilde{\psi}_i), \tilde{r}_{i2} = \frac{1}{q^3}\tilde{\phi}_i\theta^{-3}(\partial_q^2\tilde{\psi}_i)$$

$\tilde{v}_0$ 来自算子 $\tilde{L}^2 = \tilde{B}_2 + \tilde{v}_0 + \tilde{v}_{-1}\partial_q^{-1} + \cdots$.

然后, 可以计算下面的交换子

$$[\tilde{B}_2, \tilde{B}_3] = \tilde{f}_3 \partial_q^3 + \tilde{f}_2 \partial_q^2 + \tilde{f}_1 \partial_q$$

$$[\tilde{B}_2, \tilde{\phi}_i \partial_q^{-1} \tilde{\psi}_i \partial_q] = \tilde{g}_{i2} \partial_q^2 + \tilde{g}_{i1} \partial_q + \cdots$$

$$[\tilde{B}_3, \tilde{\phi}_i \partial_q^{-1} \tilde{\psi}_i \partial_q] = \tilde{h}_{i3} \partial_q^3 + \tilde{h}_{i2} \partial_q^2 + \tilde{h}_{i1} \partial_q + \cdots, i = 1, \cdots, N$$

其中

$$\tilde{f}_3 = \tilde{v}_2 \partial_q^2(\tilde{s}_3) + (q+1)\tilde{v}_2\theta(\partial_q(\tilde{s}_2)) + \tilde{v}_2\theta^2(\tilde{s}_1) + \tilde{v}_1\partial_q(\tilde{s}_3) + \tilde{v}_1\theta(\tilde{s}_2)$$

$$- (q^2+q+1)\tilde{s}_3\theta(\partial_q^2(\tilde{v}_2)) - (q^2+q+1)\tilde{s}_3\theta^2(\partial_q(\tilde{v}_1))$$

$$- (q+1)\tilde{s}_2\theta(\partial_q(\tilde{v}_2)) - \tilde{s}_2\theta^2(\tilde{v}_1) - \tilde{s}_1\theta(\tilde{v}_2)$$

$$\tilde{f}_2 = \tilde{v}_2 \partial_q^2(\tilde{s}_2) + (q+1)\tilde{v}_2\theta(\partial_q(\tilde{s}_1)) + \tilde{v}_1\partial_q(\tilde{s}_2) + \tilde{v}_1\theta(\tilde{s}_1) - \tilde{s}_3\partial_q^3(\tilde{v}_2)$$

$$- (q^2+q+1)\tilde{s}_3\theta(\partial_q^2(\tilde{v}_1)) - \tilde{s}_2\partial_q^2(\tilde{v}_2) - (q+1)\tilde{s}_2\theta(\partial_q(\tilde{v}_1))$$

$$-\tilde{s}_1\partial_q(\tilde{v}_2) - \dot{\tilde{s}}_1\theta(\tilde{v}_1)$$

$$\tilde{f}_1 = \tilde{v}_2\partial_q^2(\tilde{s}_1) + \tilde{v}_1\partial_q(\tilde{s}_1) - \tilde{s}_3\partial_q^3(\tilde{v}_1) - \tilde{s}_2\partial_q^2(\tilde{v}_1) - \tilde{s}_1\partial_q(\tilde{v}_1)$$

$$\tilde{g}_{i2} = \tilde{v}_2[\theta^2(\tilde{r}_{i0}) - \tilde{r}_{i0}]$$

$$\tilde{g}_{i1} = (q+1)\tilde{v}_2\theta(\partial_q(\tilde{r}_{i0})) + \tilde{v}_2\theta^2(\tilde{r}_{i1}) + \tilde{v}_1\theta(\tilde{r}_{i0}) - \tilde{r}_{i0}\tilde{v}_1 - \tilde{r}_{i1}\theta^{-1}(\tilde{v}_2)$$

$$\tilde{h}_{i3} = \tilde{s}_3[\theta^3(\tilde{r}_{i0}) - \tilde{r}_{i0}]$$

$$\tilde{h}_{i2} = (q^2+q+1)\tilde{s}_3\theta^2(\partial_q(\tilde{r}_{i0})) + \tilde{s}_3\theta^3(\tilde{r}_{i1}) + \tilde{s}_2\theta^2(\tilde{r}_{i0}) - \tilde{r}_{i0}\tilde{s}_2 - \tilde{r}_{i1}\theta^{-1}(\tilde{s}_3)$$

$$\tilde{h}_{i1} = (q^2+q+1)\tilde{s}_3\theta(\partial_q^2(\tilde{r}_{i0})) + (q^2+q+1)\tilde{s}_3\theta^2(\partial_q(\tilde{r}_{i1})) + \tilde{s}_3\theta^3(\tilde{r}_{i2})$$

$$+ (q+1)\tilde{s}_2\theta(\partial_q(\tilde{r}_{i0})) + \tilde{s}_2\theta^2(\tilde{r}_{i1}) + \tilde{s}_1\theta(\tilde{r}_{i0}) - \tilde{r}_{i0}\tilde{s}_1$$

$$+ \frac{1}{q}\tilde{r}_{i1}\theta^{-2}(\partial_q(\tilde{s}_3)) - \tilde{r}_{i1}\theta^{-1}(\tilde{s}_2) - \tilde{r}_{i2}\theta^{-2}(\tilde{s}_3)$$

下面给出两类具有自相容源的 q-形变的修正 KP 方程.

例 6.7 当 $n=2$, $k=3$ 时, 得到第一型带自相容源的 q-形变的修正 KP 方程

$$-\frac{\partial\tilde{s}_3}{\partial t_2} + \tilde{f}_3 = 0 \tag{6.41a}$$

$$\frac{\partial\tilde{v}_2}{\partial\tau_3} - \frac{\partial\tilde{s}_2}{\partial t_2} + \tilde{f}_2 + \sum_{i=1}^{N}\tilde{g}_{i2} = 0 \tag{6.41b}$$

$$\frac{\partial\tilde{v}_1}{\partial\tau_3} - \frac{\partial\tilde{s}_1}{\partial t_2} + \tilde{f}_1 + \sum_{i=1}^{N}\tilde{g}_{i1} = 0 \tag{6.41c}$$

$$\tilde{\phi}_{i,t_2} = \tilde{B}_2(\tilde{\phi}_i), \quad \tilde{\psi}_{i,t_2} = -(\partial_q\tilde{B}_2\partial_q^{-1})^*(\tilde{\psi}_i), \ i=1,2,\cdots,N \tag{6.41d}$$

令 $q\to 1$ 且 $u\equiv 1$, 则第一型带自相容源的 q-形变的修正 KP 方程约化为第一型带自相容源的修正 KP 方程

$$4\tilde{u}_{0,t} - \tilde{u}_{0,xxx} + 6\tilde{u}_0^2\tilde{u}_{0,x} - 3D^{-1}\tilde{u}_{0,yy} - 6\tilde{u}_{0,x}D^{-1}\tilde{u}_{0,y} + 4\sum_{i=1}^{N}(\tilde{\phi}_i\tilde{\psi}_i)_x = 0$$

$$\tilde{\phi}_{i,y} = \tilde{\phi}_{i,xx} + 2\tilde{u}_0\tilde{\phi}_{i,x} \tag{6.42}$$

$$\tilde{\psi}_{i,y} = -\tilde{\psi}_{i,xx} + 2\tilde{u}_0\tilde{\psi}_{i,x}, \ i=1,\cdots,N$$

其中, $t := \tau_3$, $y := t_2$.

例 6.8　当取 $n = 3$, $k = 2$ 时, 可得到第二型带自相容源的 q-形变的修正 KP 方程

$$\frac{\partial \tilde{s}_3}{\partial \tau_2} - \tilde{f}_3 + \sum_{i=1}^{N} \tilde{h}_{i3} = 0 \tag{6.43a}$$

$$\frac{\partial \tilde{s}_2}{\partial \tau_2} - \frac{\partial \tilde{v}_2}{\partial t_3} - \tilde{f}_2 + \sum_{i=1}^{N} \tilde{h}_{i2} = 0 \tag{6.43b}$$

$$\frac{\partial \tilde{s}_1}{\partial \tau_2} - \frac{\partial \tilde{v}_1}{\partial t_3} - \tilde{f}_1 + \sum_{i=1}^{N} \tilde{h}_{i1} = 0 \tag{6.43c}$$

$$\tilde{\phi}_{i,t_3} = \tilde{B}_3(\tilde{\phi}_i), \quad \tilde{\psi}_{i,t_3} = -(\partial_q \tilde{B}_3 \partial_q^{-1})^*(\tilde{\psi}_i), \quad i = 1, \cdots, N \tag{6.43d}$$

令 $q \to 1$ 且 $u \equiv 1$, 则第二型带自相容源的 q-形变的修正 KP 方程约化为第二型带自相容源的修正 KP 方程

$$4\tilde{u}_{0,t} - \tilde{u}_{0,xxx} + 6\tilde{u}_0^2 \tilde{u}_{0,x} - 3\mathrm{D}^{-1}\tilde{u}_{0,yy} - 6\tilde{u}_{0,x}\mathrm{D}^{-1}\tilde{u}_{0,y}$$

$$+ \sum_{i=1}^{N} [3(\tilde{\phi}_i \tilde{\psi}_{i,xx} - \tilde{\phi}_{i,xx}\tilde{\psi}_i) - 3(\tilde{\phi}_i \tilde{\psi}_i)_y - 6(\tilde{u}_0 \tilde{\phi}_i \tilde{\psi}_i)_x] = 0$$

$$\tilde{\phi}_{i,t} = \tilde{\phi}_{i,xxx} + 3\tilde{u}_0 \tilde{\phi}_{i,xx} + \frac{3}{2}(\mathrm{D}^{-1}\tilde{u}_{0,y})\tilde{\phi}_{i,x} + \frac{3}{2}\tilde{u}_{0,x}\tilde{\phi}_{i,x} + \frac{3}{2}\tilde{u}_0^2 \tilde{\phi}_{i,x} + \frac{3}{2}\sum_{j=1}^{N}(\tilde{\phi}_j \tilde{\psi}_j)\tilde{\phi}_{i,x}$$

$$\tilde{\psi}_{i,t} = \tilde{\psi}_{i,xxx} - 3\tilde{u}_0 \tilde{\psi}_{i,xx} + \frac{3}{2}(\mathrm{D}^{-1}\tilde{u}_{0,y})\tilde{\psi}_{i,x} - \frac{3}{2}\tilde{u}_{0,x}\tilde{\psi}_{i,x} + \frac{3}{2}\tilde{u}_0^2 \tilde{\psi}_{i,x} + \frac{3}{2}\sum_{j=1}^{N}(\tilde{\phi}_j \tilde{\psi}_j)\tilde{\psi}_{i,x}$$

其中, $y := \tau_2, t := t_3$.

6.2.2　规范变换

文献 [89] 中给出了扩展的 KP 族和扩展的修正 KP 族之间的规范变换. 在扩展的 q-形变的 KP 族和扩展的 q-形变的修正 KP 族间可类似地构造这类变换.

命题 6.4　假设 L, ϕ_i 和 ψ_i 满足扩展的 q-形变的 KP 方程族

$$L_{\tau_k} = \left[B_k + \sum_{i=1}^{N} \phi_i \partial_q^{-1} \psi_i, L \right], \quad B_k = (L^k)_{\geqslant 0}, \quad L = \partial_q + u_0 + u_1 \partial_q^{-1} + \cdots$$

$$L_{t_n} = [B_n, L], \quad \forall\, n \neq k$$

$$\phi_{i,t_n} = B_n(\phi_i), \quad \psi_{i,t_n} = -B_n^*(\psi_i), \quad i = 1, \cdots, N$$

f 是 Lax 对 (6.58) 的特征函数, 则

$$\tilde{L} := f^{-1}Lf, \quad \tilde{\phi}_i := f^{-1}\phi_i, \quad \tilde{\psi}_i := -\theta \partial_q^{-1}(f\psi_i) = (\partial_q^{-1})^*(f\psi_i)$$

满足扩展的 q-形变的修正 KP 方程族 (6.39).

证明: 因为 f 是扩展的 q-形变的 KP 族 Lax 对 (6.58) 的特征函数, 即 f 满足

$$f_{t_n} = B_n(f)$$

$$f_{\tau_k} = \left(B_k + \sum_{i=1}^{N} \phi_i \partial_q^{-1} \psi_i\right)(f)$$

则

$$\tilde{L}_{t_n} = (f^{-1}Lf)_{t_n} = -f^{-1}B_n(f)f^{-1}Lf + f^{-1}[B_n, L]f + f^{-1}LB_n(f)$$

$$= -f^{-1}B_n(f)\tilde{L} + [f^{-1}B_n f, \tilde{L}] + \tilde{L}f^{-1}B_n(f) = [f^{-1}B_n f - f^{-1}B_n(f), \tilde{L}]$$

这里用到了 $\Delta := f^{-1}B_n f - f^{-1}B_n(f) = f^{-1}[(L^n f)_{\geqslant 0} - (L^n)_{\geqslant 0}(f)] = f^{-1}((L^n f)_{\geqslant 1})$ $= (f^{-1}L^n f)_{\geqslant 1} = \tilde{L}_{\geqslant 1}^n$, 并且记 $\tilde{L}_{\geqslant 1}^n$ 为 $\tilde{B}_n$.

$$\tilde{L}_{\tau_k} = (f^{-1}Lf)_{\tau_k}$$

$$= -f^{-1}\left(B_k + \sum_{i=1}^{N}\phi_i \partial_q^{-1}\psi_i\right)(f)f^{-1}Lf + f^{-1}\left[B_k + \sum_{i=1}^{N}\phi_i \partial_q^{-1}\psi_i, L\right]f$$

$$+ f^{-1}L\left(B_k + \sum_{i=1}^{N}\phi_i \partial_q^{-1}\psi_i\right)(f)$$

$$= \left[f^{-1}\left(B_k + \sum_{i=1}^{N}\phi_i \partial_q^{-1}\psi_i\right)f - f^{-1}(B_k + \sum_{i=1}^{N}\phi_i \partial_q^{-1}\psi_i)(f), \tilde{L}\right]$$

$$= [\tilde{B}_k, \tilde{L}] + \sum_{i=1}^{N}[f^{-1}\phi_i \partial_q^{-1}\psi_i f - f^{-1}\phi_i \partial_q^{-1}\psi_i(f), \tilde{L}]$$

$$= [\tilde{B}_k, \tilde{L}] + \sum_{i=1}^{N}[\tilde{\phi}_i \partial_q^{-1} \circ \partial_q^*(\tilde{\psi}_i) + \tilde{\phi}_i \partial_q^{-1} \circ \partial_q \circ \theta^{-1}(\tilde{\psi}_i), \tilde{L}]$$

$$= [\tilde{B}_k, \tilde{L}] + \sum_{i=1}^{N}[\tilde{\phi}_i \partial_q^{-1} \circ \tilde{\psi}_i \partial_q, \tilde{L}] = \left[\tilde{B}_k + \sum_{i=1}^{N}\tilde{\phi}_i \partial_q^{-1}\tilde{\psi}_i \partial_q, \tilde{L}\right]$$

$$\tilde{\phi}_{i,t_n} = -f^{-1}B_n(f)f^{-1}\phi_i + f^{-1}B_n(\phi_i) = -f^{-1}B_n(f)\tilde{\phi}_i + f^{-1}B_n(f\tilde{\phi}_i)$$

$$= f^{-1}L_{\geqslant 0}^n f(\tilde{\phi}_i) - f^{-1}L_{\geqslant 0}^n(f)\tilde{\phi}_i = (f^{-1}L^n f)_{\geqslant 0}(\tilde{\phi}_i) - f^{-1}L_{\geqslant 0}^n(f)\tilde{\phi}_i$$

$$= (f^{-1}L^n f)_{\geqslant 1}(\tilde{\phi}_i) + (f^{-1}L_{\geqslant 0}^n(f))(\tilde{\phi}_i) - f^{-1}L_{\geqslant 0}^n(f)\tilde{\phi}_i = \tilde{B}_n(\tilde{\phi}_i)$$

$$\tilde{\psi}_{i,t_n} = (\partial_q^{-1})^*[B_n(f)\psi_i - fB_n^*(\psi_i)] = (\partial_q^{-1})^*[B_n(f)f^{-1}\partial_q^*(\tilde{\psi}_i) - fB_n^*f^{-1}\partial_q^*(\tilde{\psi}_i)]$$

$$= -(\partial_q^{-1})^*[((f(L^n)^* f^{-1})_{\geqslant 0}\partial_q^*(\tilde{\psi}_i) - (L^n)_{\geqslant 0}(f)f^{-1}\partial_q^*(\tilde{\psi}_i)]$$

$$= -(\partial_q^{-1})^*[((f^{-1}L^n f)_{\geqslant 0})^*\partial_q^*(\tilde{\psi}_i) - (L^n)_{\geqslant 0}(f)f^{-1}\partial_q^*(\tilde{\psi}_i)]$$

$$= -(\partial_q^{-1})^*((f^{-1}L^n f)_{\geqslant 1})^*\partial_q^*(\tilde{\psi}_i) = -(\partial_q^{-1})^*\tilde{B}_n^*\partial_q^*(\tilde{\psi}_i)$$

$$= -(\partial_q\tilde{B}_n\partial_q^{-1})^*(\tilde{\psi}_i) \qquad\qquad\qquad\qquad\qquad\qquad \square$$

因此, 如果给定扩展的 q-形变的 KP 方程族 Lax 对的特征函数, 通过规范变换可得到扩展的 q-形变的修正 KP 族的解. 这里取扩展的 q-形变的 KP 方程族 Lax 对的特征函数为

$$f = S(1) = (-1)^N \frac{\mathrm{Wr}(\partial_q(h_1), \partial_q(h_2), \cdots, \partial_q(h_N))}{\mathrm{Wr}(h_1, h_2, \cdots, h_N)} \tag{6.44}$$

其中, S 是由式 (6.27) 和式(6.31) 定义的穿衣算子, 则得到扩展的 q-形变的修正 KP 族的 Wronskian 解

$$\tilde{L} = f^{-1}Lf = \frac{\mathrm{Wr}(h_1, h_2, \cdots, h_N, \partial_q)}{\mathrm{Wr}(\partial_q(h_1), \partial_q(h_2), \cdots, \partial_q(h_N))} \tag{6.45a}$$

$$\partial_q \left[\frac{\mathrm{Wr}(h_1, h_2, \cdots, h_N, \partial_q)}{\mathrm{Wr}(\partial_q(h_1), \partial_q(h_2), \cdots, \partial_q(h_N))} \right]^{-1} \tag{6.45b}$$

$$\tilde{\phi}_i = f^{-1}\phi_i = -\dot{\alpha}_i \frac{\mathrm{Wr}(h_1, h_2, \cdots, h_N, g_i)}{\mathrm{Wr}(\partial_q(h_1), \partial_q(h_2), \cdots, \partial_q(h_N))} \tag{6.45c}$$

$$\tilde{\psi}_i = -\theta\partial_q^{-1}(f\psi_i) = \theta\left(\frac{\mathrm{Wr}(\partial_q(h_1), \cdots, \partial_q(\hat{h}_i), \cdots, \partial_q(h_N))}{\mathrm{Wr}(h_1, h_2, \cdots, h_N)} \right), \ i = 1, \cdots, N \tag{6.45d}$$

其中, $\tilde{L}$ 和 $\tilde{\phi}_i$ 的表达式可通过直接计算轻松证明. $\tilde{\psi}_i$ 的证明如下. 首先易见

$$\sum_{i=1}^N \theta(h_i)\tilde{\psi}_i = \sum_{i=1}^N \theta(-h_i\partial_q^{-1}(\psi_i f)) = \theta\left(\left(\sum_{i=1}^N -h_i\partial_q^{-1}\psi_i\right)(f)\right) = \theta(S^{-1}S(1)) = 1$$

进而得到如下关系 $(k \geqslant 1)$:

$$\sum_{i=1}^{N} \theta(\partial_q^k(h_i))\tilde{\psi}_i = \sum_{i=1}^{N} \theta[-\partial_q^k(h_i) \cdot \partial_q^{-1}(\psi_i f)] = \sum_{i=1}^{N} \theta[-\partial_q(\partial_q^{k-1}(h_i) \cdot \partial_q^{-1}(\psi_i f))$$

$$+ \theta(\partial_q^{k-1}(h_i) \cdot \psi_i f)] = \cdots = \sum_{i=1}^{N} \theta\left[-\partial_q^k(h_i \partial_q^{-1} \psi_i(f))\right.$$

$$\left. + \sum_{j=0}^{k-1} \partial_q^{k-j-1}(\theta(\partial_q^j(h_i))\psi_i f)\right]$$

$$= \theta\left[\sum_{j=0}^{k-1} \partial_q^{k-j-1}\left(\sum_{i=0}^{N} \theta(\partial_q^j(h_i))\psi_i f\right)\right]$$

根据式 (6.33) 可得

$$\sum_{i=0}^{N} \theta(\partial_q^j(h_i))\psi_i = \delta_{j,N-1}, j = 0, 1, \cdots, N-1$$

因此 $\sum_{i=1}^{N} \theta(\partial_q^k(h_i))\tilde{\psi}_i = 0$, $k = 0, 1, \cdots, N-1$. 利用 Cramer 法则, 可得到 $\tilde{\psi}_i$ 的表达式.

6.2.3 扩展的 q-形变的 KP 族和修正 KP 族的解

穿衣法结合常数变易法和规范变换提供了构造扩展的 q-形变的 KP 族和扩展的 q-形变的修正 KP 族的简单方法. 下面利用第一型带自相容源的 q-形变的 KP 方程和 q-形变的修正 KP 方程为例来阐述该方法.

下面取

$$f_i := e_q(\lambda_i x) \exp(\lambda_i^2 t_2 + \lambda_i^3 \tau_3) \equiv e_q(\lambda_i x) e^{\xi_i}$$

$$g_i := e_q(\mu_i x) \exp(\mu_i^2 t_2 + \mu_i^3 \tau_3) \equiv e_q(\mu_i x) e^{\eta_i}$$

$$h_i := f_i + \alpha_i(\tau_3) g_i = e_q(\lambda_i x) e^{\xi_i} + \alpha_i(\tau_3) e_q(\mu_i x) e^{\eta_i}$$

例 6.9 [第一型带自相容源的 q-形变的 KP 方程] 令 $N = 1$, 可得式 (6.11) 的单孤子解

$$S = \partial_q + w_0, \quad w_0 = -\frac{\partial_q(h_1)}{h_1}$$

因为 $LS = S\partial_q$, 则有

$$(\partial_q + u_0 + u_1 \partial_q^{-1} + \cdots)(\partial_q + w_0) = (\partial_q + w_0)\partial_q$$

于是得

$$u_0 = (1-\theta)(w_0) = (\theta-1)\left(\frac{\partial_q(h_1)}{h_1}\right)$$

$$= \frac{\lambda_1 e_q(\lambda_1 qx)\mathrm{e}^{\xi_1} + \alpha_1(\tau_3)\mu_1 e_q(\mu_1 qx)\mathrm{e}^{\eta_1}}{e_q(\lambda_1 qx)\mathrm{e}^{\xi_1} + \alpha_1(\tau_3)e_q(\mu_1 qx)\mathrm{e}^{\eta_1}} - \frac{\lambda_1 e_q(\lambda_1 x)\mathrm{e}^{\xi_1} + \alpha_1(\tau_3)\mu_1 e_q(\mu_1 x)\mathrm{e}^{\eta_1}}{e_q(\lambda_1 x)\mathrm{e}^{\xi_1} + \alpha_1(\tau_3)e_q(\mu_1 x)\mathrm{e}^{\eta_1}}$$

$$u_1 = -[\partial_q(w_0) + (1-\theta)(w_0)w_0] = \frac{\partial_q^2 h_1}{h_1} - \left(\frac{\partial_q h_1}{h_1}\right)^2$$

$$= \frac{\lambda_1^2 e_q(\lambda_1 x)\mathrm{e}^{\xi_1} + \alpha_1 \mu_1^2 e_q(\mu_1 x)\mathrm{e}^{\eta_1}}{e_q(\lambda_1 x)\mathrm{e}^{\xi_1} + \alpha_1 e_q(\mu_1 x)\mathrm{e}^{\eta_1}} - \left(\frac{\lambda_1 e_q(\lambda_1 x)\mathrm{e}^{\xi_1} + \alpha_1 \mu_1 e_q(\mu_1 x)\mathrm{e}^{\eta_1}}{e_q(\lambda_1 x)\mathrm{e}^{\xi_1} + \alpha_1 e_q(\mu_1 x)\mathrm{e}^{\eta_1}}\right)^2$$

$$u_2 = -u_1 \theta^{-1}(w_0) = u_1 \theta^{-1}\left(\frac{\partial_q(h_1)}{h_1}\right)$$

$$= u_1 \frac{\lambda_1 e_q(\lambda_1 q^{-1}x)\mathrm{e}^{\xi_1} + \alpha_1 \mu_1 e_q(\mu_1 q^{-1}x)\mathrm{e}^{\eta_1}}{e_q(\lambda_1 q^{-1}x)\mathrm{e}^{\xi_1} + \alpha_1 e_q(\mu_1 q^{-1}x)\mathrm{e}^{\eta_1}}$$

$$\phi_1 = -\dot{\alpha_1}\frac{h_1\partial_q(g_1) - \partial_q(h_1)g_1}{h_1} = -\frac{d\alpha_1}{d\tau_3}e_q(\mu_1 x)\mathrm{e}^{\eta_1}$$

$$\times\left[\mu_1 - \frac{\lambda_1 e_q(\lambda_1 x)\mathrm{e}^{\xi_1} + \alpha_1(\tau_3)\mu_1 e_q(\mu_1 x)\mathrm{e}^{\eta_1}}{e_q(\lambda_1 x)\mathrm{e}^{\xi_1} + \alpha_1(\tau_3)e_q(\mu_1 x)\mathrm{e}^{\eta_1}}\right]$$

$$\psi_1 = \theta\left(\frac{1}{h_1}\right) = \frac{1}{e_q(\lambda_1 qx)\mathrm{e}^{\xi_1} + \alpha_1(\tau_3)e_q(\mu_1 qx)\mathrm{e}^{\eta_1}}$$

例 6.10 [第一型带自相容源的 q-形变的修正 KP 方程]　令 $N=1$, 可得式 (6.41) 的单孤子解

$$\tilde{L} = \tilde{u}\partial_q + \tilde{u}_0 + \tilde{u}_1\partial_q^{-1} + \cdots = (w_1\partial_q - 1)\partial_q(w_1\partial_q - 1)^{-1}, \quad w_1 = \frac{h_1}{\partial_q(h_1)}$$

于是有

$$\tilde{u} = \frac{w_1}{\theta(w_1)} = \frac{h_1\theta(\partial_q h_1)}{\partial_q(h_1)\theta(h_1)}$$

$$= \frac{(e_q(\lambda_1 x)\mathrm{e}^{\xi_1} + \alpha_1 e_q(\mu_1 x)\mathrm{e}^{\eta_1})(\lambda_1 e_q(\lambda_1 qx)\mathrm{e}^{\xi_1} + \alpha_1 \mu_1 e_q(\mu_1 qx)\mathrm{e}^{\eta_1})}{(\lambda_1 e_q(\lambda_1 x)\mathrm{e}^{\xi_1} + \alpha_1(\tau_3)\mu_1 e_q(\mu_1 x)\mathrm{e}^{\eta_1})(e_q(\lambda_1 qx)\mathrm{e}^{\xi_1} + \alpha_1(\tau_3)e_q(\mu_1 qx)\mathrm{e}^{\eta_1})}$$

$$\tilde{u}_0 = \frac{1}{w_1}[\tilde{u} - 1 - \tilde{u}\partial_q(w_1)] = \frac{\partial_q^2(h_1)}{\partial_q(h_1)} - \frac{\partial_q(h_1)}{h_1}$$

$$= \frac{\lambda_1^2 e_q(\lambda_1 x)\mathrm{e}^{\xi_1} + \alpha_1 \mu_1^2 e_q(\mu_1 x)\mathrm{e}^{\eta_1}}{\lambda_1 e_q(\lambda_1 x)\mathrm{e}^{\xi_1} + \alpha_1 \mu_1 e_q(\mu_1 x)\mathrm{e}^{\eta_1}} - \frac{\lambda_1 e_q(\lambda_1 x)\mathrm{e}^{\xi_1} + \alpha_1 \mu_1 e_q(\mu_1 x)\mathrm{e}^{\eta_1}}{e_q(\lambda_1 x)\mathrm{e}^{\xi_1} + \alpha_1 e_q(\mu_1 x)\mathrm{e}^{\eta_1}}$$

$$\tilde{u}_1 = \frac{\tilde{u}_0}{\theta^{-1}(w_1)} = \tilde{u}_0 \frac{\theta^{-1}(\partial_q h_1)}{\theta^{-1}(h_1)}$$

$$= \tilde{u}_0 \frac{\lambda_1 e_q(\lambda_1 q^{-1} x) e^{\xi_1} + \alpha_1 \mu_1 e_q(\mu_1 q^{-1} x) e^{\eta_1}}{e_q(\lambda_1 q^{-1} x) e^{\xi_1} + \alpha_1 e_q(\mu_1 q^{-1} x) e^{\eta_1}}$$

$$\tilde{\phi}_1 = -\dot{\alpha}_1 \frac{h_1 \partial_q(g_1) - \partial_q(h_1) g_1}{\partial_q(h_1)}$$

$$= -\frac{d\alpha_1}{d\tau_3} e_q(\mu_1 x) e^{\eta_1} \left[\mu_1 \frac{e_q(\lambda_1 x) e^{\xi_1} + \alpha_1 e_q(\mu_1 x) e^{\eta_1}}{\lambda_1 e_q(\lambda_1 x) e^{\xi_1} + \alpha_1 \mu_1 e_q(\mu_1 x) e^{\eta_1}} - 1 \right]$$

$$\tilde{\psi}_1 = \theta\left(\frac{1}{h_1} \right) = \frac{1}{e_q(\lambda_1 q x) e^{\xi_1} + \alpha_1 e_q(\mu_1 q x) e^{\eta_1}}$$

6.3 新的扩展的离散 KP 方程族

离散的 KP 方程族[90-94] 无论是在离散可积系统的研究中还是在可积系统离散化的研究中, 都是一个重要的课题. 本节中构造了扩展的离散 KP 方程族并研究了其约化和求解.

记 Γ 和 Δ 分别表示平移算子和差分算子, 它们对

$$F = \{f(l) = f(l, t_1, t_2, \cdots, t_i, \cdots); l \in \mathbf{Z}, \ t_i \in \mathbf{R}\}$$

中函数的作用为

$$\Gamma(f(l)) = f(l+1) = f^{(1)}(l), \ \Delta(f(l)) = f(l+1) - f(l)$$

本章中, 我们用 $P(f)$ 表示差分算子 P 作用在函数 f 上, 而 Pf 表示差分算子 P 和零阶差分算子 f 的乘积. Δ^j 有下面的运算:

$$\Delta^j f = \sum_{i=0}^{\infty} \begin{pmatrix} j \\ i \end{pmatrix} (\Delta^i(f(l+j-i))) \Delta^{j-i}, \ \begin{pmatrix} j \\ i \end{pmatrix} = \frac{j(j-1)\cdots(j-i+1)}{i!}$$

$$(6.46)$$

同样, 可以定义 Δ 的伴随算子 Δ^*

$$\Delta^*(f(l)) = (\Gamma^{-1} - I)(f(l)) = f(l-1) - f(l) \tag{6.47}$$

$$\Delta^{*j} f = \sum_{i=0}^{\infty} \begin{pmatrix} j \\ i \end{pmatrix} (\Delta^{*i}(f(l+i-j))) \Delta^{*j-i} \tag{6.48}$$

令 $P = \sum_{j=-\infty}^{k} f_j(l) \Delta^j$, P 的伴随算子定义为 $P^* = \sum_{j=-\infty}^{k} \Delta^{*j} f_j(l)$.

离散 KP 方程族的 Lax 方程为[90,93]

$$L_{t_n} = [B_n, L] \tag{6.49}$$

其中, $L = \Delta + f_0 + f_1\Delta^{-1} + f_2\Delta^{-2} + \cdots$ 是逆差分算子, $B_n = L_+^n$ 表示 L^n 的正部. t_n-流与 t_m-流的相容性给出离散 KP 方程族的零曲率表示

$$B_{n,t_m} - B_{m,t_n} + [B_n, B_m] = 0 \tag{6.50}$$

其 Lax 对为

$$\psi_{t_n} = B_n(\psi), \quad \psi_{t_m} = B_m(\psi) \tag{6.51}$$

特征函数 ψ 及伴随特征函数 ϕ 随 t_n 的演化方程为

$$\psi_{t_n} = B_n(\psi), \quad \phi_{t_n} = -B_n^*(\phi) \tag{6.52}$$

当 $n = 2,\ m = 1$ 时, 由零曲率方程 (6.50) 得到离散的 KP 方程[90]

$$\Delta(f_{0t_2} + 2f_{0t_1} - 2f_0f_{0t_1}) = (\Delta + 2)f_{0t_1t_1} \tag{6.53}$$

平方特征函数对称约束[92]

$$\tilde{B}_k = B_k + \sum_{i=1}^{N} \psi_i \Delta^{-1} \phi_i \tag{6.54a}$$

$$\psi_{i,t_n} = B_n(\psi_i),\ \phi_{i,t_n} = -B_n^*(\phi_i),\ \ i = 1, \cdots, N \tag{6.54b}$$

其中, N 是任意的自然数, ψ_i 和 ϕ_i 是方程 (6.54b) 的 N 个不同的解. 因此, 可以定义新的扩展的离散 KP 方程族

$$L_{t_n} = [B_n, L] \tag{6.55a}$$

$$L_{\tau_k} = \left[B_k + \sum_{i=1}^{N} \psi_i \Delta^{-1} \phi_i, L \right] \tag{6.55b}$$

$$\psi_{i,t_n} = B_n(\psi_i),\ \phi_{i,t_n} = -B_n^*(\phi_i),\ i = 1, \cdots, N \tag{6.55c}$$

为了得到扩展的离散 KP 方程族的零曲率表示, 需要如下引理.

引理 6.7　令 $Q = a\Delta^k$, $k \geqslant 1$, 则

$$(\Delta^{-1}\phi Q)_- = \Delta^{-1}Q^*(\phi) \tag{6.56a}$$

$$[B_n, \psi\Delta^{-1}\phi]_- = B_n(\psi)\Delta^{-1}\phi - \psi\Delta^{-1}B_n^*(\phi) \tag{6.56b}$$

证明: 由 $f\Delta = \Delta\Gamma^{-1}(f) - \Delta(\Gamma^{-1}(f))$, $\Delta^* = -\Delta\Gamma^{-1}$, 有

$$(\Delta^{-1}\phi a\Delta^k)_- = (\Delta^{-1}\Delta\Gamma^{-1}(\phi a)\Delta^{k-1} - \Delta^{-1}\Delta(\Gamma^{-1}(\phi a))\Delta^{k-1})_-$$

$$= -(\Delta^{-1}\Delta(\Gamma^{-1}(\phi a))\Delta^{k-1})_- = \cdots = (-1)^k\Delta^{-1}\Delta^k(\Gamma^{-k}(\phi a))$$

$$= \Delta^{-1}\Delta^{*k}(\phi a) = \Delta^{-1}Q^*(\phi)$$

由此得到式 (6.56a) 和式 (6.56b). □

基于引理 6.7, 有如下结论.

命题 6.5 在式 (6.55c) 下, 式 (6.55a) 和式 (6.55b) 的相容性给出扩展的离散 KP 方程族 (6.55) 的零曲率表示

$$B_{n,\tau_k} - \left(B_k + \sum_{i=1}^N \psi_i\Delta^{-1}\phi_i\right)_{t_n} + \left[B_n, B_k + \sum_{i=1}^N \psi_i\Delta^{-1}\phi_i\right] = 0 \qquad (6.57a)$$

$$\psi_{i,t_n} = B_n(\psi_i), \ \phi_{i,t_n} = -B_n^*(\phi_i), \ \ i = 1, 2, \cdots, N \qquad (6.57b)$$

其 Lax 表示为

$$\Psi_{t_n} = B_n(\Psi), \quad \Psi_{\tau_k} = \left(B_k + \sum_{i=1}^N \psi_i\Delta^{-1}\phi_i\right)(\Psi) \qquad (6.58)$$

证明: 为了方便起见, 下面将省去 $\sum$. 由式 (6.55) 和引理 6.7 可得

$$B_{n,\tau_k} = (L_{\tau_k}^n)_+ = [B_k + \psi\Delta^{-1}\phi, L^n]_+ = [B_k + \psi\Delta^{-1}\phi, L_+^n]_+ + [B_k + \psi\Delta^{-1}\phi, L_-^n]_+$$

$$= [B_k + \psi\Delta^{-1}\phi, L_+^n] - [B_k + \psi\Delta^{-1}\phi, L_+^n]_- + [B_k, L_-^n]_+ = [B_k + \psi\Delta^{-1}\phi, L_+^n]$$

$$- [\psi\Delta^{-1}\phi, B_n]_- + [B_n, L^k]_+ = [B_k + \psi\Delta^{-1}\phi, B_n] + (B_k + \psi\Delta^{-1}\phi)_{t_n}$$

□

注 6.5 扩展的离散 KP 方程族 (6.57) 除含有原时间系列 t_n 外还含有时间系列 τ_k 及更多的分量 ψ_i 和 ϕ_i $(i = 1, \cdots, N)$, 从而给出了离散 KP 方程族的一个扩展.

例 6.11 当 $n = 1$, $k = 2$ 时, 由式 (6.57) 得到第一型带自相容源的离散 KP 方程

$$\Delta(f_{0\tau_2} + 2f_{0t_1} - 2f_0 f_{0t_1}) = (\Delta + 2)f_{0t_1 t_1} - \Delta^2\sum_{i=1}^N(\psi_i\phi_i^{(-1)}) \qquad (6.59a)$$

$$\psi_{i,t_1} = \Delta(\psi_i) + f_0\psi_i, \ \phi_{i,t_1} = -\Delta^*(\phi_i) - f_0\phi_i, \ i = 1, 2, \cdots, N \qquad (6.59b)$$

其 Lax 表示为

$$\Psi_{t_1} = (\Delta + f_0)(\Psi) \tag{6.60a}$$

$$\Psi_{\tau_2} = \left(\Delta^2 + (f_0 + f_0^{(1)})\Delta + \Delta(f_0) + f_1^{(1)} + f_1 + f_0^2 + \sum_{i=1}^{N}\psi_i\Delta^{-1}\phi_i\right)(\Psi)$$
$$\tag{6.60b}$$

例 6.12　当 $n = 2,\ k = 1$ 时, 由式 (6.57) 得到第二型带自相容源的离散 KP 方程

$$\Delta(f_{0t_2} + 2f_{0\tau_1} - 2f_0 f_{0\tau_1}) = (\Delta + 2)f_{0\tau_1\tau_1} + \sum_{i=1}^{N}[\Delta^2((f_0 + f_0^{-1} - 2)\psi_i\phi_i^{(-1)})$$
$$+ \Delta(\psi_i^{(2)}\phi_i - \psi_i\phi_i^{(-2)}) + \Delta((\Gamma + 1)(\psi_i\phi_i^{(-1)})_{\tau_1})] \tag{6.61a}$$

$$\psi_{i,t_2} = \Delta^2(\psi_i) + (f_0 + f_0^{(1)})\Delta(\psi_i) + (\Delta(f_0) + f_1^{(1)} + f_1 + f_0^2)\psi_i \tag{6.61b}$$

$$\phi_{i,t_2} = -\Delta^{*2}(\psi_i) - \Delta^*((f_0 + f_0^{(1)})\psi_i) - (\Delta(f_0) + f_1^{(1)} + f_1 + f_0^2)\psi_i \tag{6.61c}$$

其 Lax 表示为

$$\Psi_{t_2} = (\Delta^2 + (f_0 + f_0^{(1)})\Delta + \Delta(f_0) + f_1^{(1)} + f_1 + f_0^2)(\Psi) \tag{6.62a}$$

$$\Psi_{\tau_1} = \left(\Delta + f_0 + \sum_{i=1}^{N}\psi_i\Delta^{-1}\phi_i\right)(\Psi) \tag{6.62b}$$

6.3.1　约化

令

$$L^n = B_n \quad \text{或} \quad L_-^n = 0 \tag{6.63}$$

则给出扩展的离散 KP 方程族 (6.57) 的 t_n-约化, 故有

$$(L^n)_{t_n} = [B_n, L^n] = 0, \quad B_{n,t_n} = 0$$

可见 L 是与 t_n 无关的, 且

$$B_n(\psi_i) = L^n(\psi_i) = \lambda_i^n\psi_i, B_n^*(\phi_i) = \lambda_i^n\phi_i \tag{6.64}$$

所以可以从式 (6.57) 中去掉 t_n 得到

$$B_{n,\tau_k} = \left[(B_n)_+^{\frac{k}{n}} + \sum_{i=1}^{N}\psi_i\Delta^{-1}\phi_i, B_n\right] \tag{6.65a}$$

$$B_n(\psi_i) = \lambda_i^n \psi_i, \ \ B_n^*(\phi_i) = \lambda_i^n \phi_i, \ \ i = 1, 2, \cdots, N \tag{6.65b}$$

及相应的 Lax 对

$$\Psi_{\tau_k} = \left((B_n)_+^{\frac{k}{n}} + \sum_{i=1}^{N} \psi_i \Delta^{-1} \phi_i \right)(\Psi), \ \ B_n(\Psi) = \lambda^n \Psi$$

式 (6.65) 可看作是离散的带自相容源的 (1+1)-维可积方程族. 当 $n = 2$, $k = 1$ 时, 由式 (6.65) 得

$$2\Delta(f_{0\tau_1} - f_0 f_{0\tau_1}) = (\Delta + 2)f_{0\tau_1\tau_1} + \sum_{i=1}^{N}[\Delta^2(f_0 + f_0^{(-1)} - 2)\psi_i \phi_i^{(-1)}$$

$$+ \Delta(\psi_i^{(2)} \phi_i - \psi_i \phi_i^{(-2)}) + \Delta(\Gamma + 1)(\psi_i \phi_i^{(-1)})_{\tau_1}] \tag{6.66a}$$

$$\Delta^2(\psi_i) + (f_0 + f_0^{(1)})\Delta(\psi_i) + (\Delta(f_0) + f_1^{(1)} + f_1 + f_0^2)\psi_i = \lambda_i^2 \psi_i \tag{6.66b}$$

$$\Delta^{*2}(\psi_i) + \Delta^*((f_0 + f_0^{(1)})\psi_i) + (\Delta(f_0) + f_1^{(1)} + f_1 + f_0^2)\psi_i = \lambda_i^2 \phi_i \tag{6.66c}$$

式 (6.66) 可化为第一型带自相容源的 Veselov-Shabat 方程[95].

若令

$$L^k = B_k + \sum_{i=1}^{N} \psi_i \Delta^{-1} \phi_i$$

则给出扩展的离散 KP 方程族 (6.57) 的 τ_k-约化[92]. 在式 (6.57) 中去掉 τ_k 得到

$$\left(B_k + \sum_{i=1}^{N} \psi_i \Delta^{-1} \phi_i \right)_{t_n} = \left[\left(B_k + \sum_{i=1}^{N} \psi_i \Delta^{-1} \phi_i \right)_+^{\frac{n}{k}}, B_k + \sum_{i=1}^{N} \psi_i \Delta^{-1} \phi_i \right] \tag{6.67a}$$

$$\psi_{i,t_n} = \left(B_k + \sum_{i=1}^{N} \psi_i \Delta^{-1} \phi_i \right)_+^{\frac{n}{k}}(\psi_i) \tag{6.67b}$$

$$\phi_{i,t_n} = -\left(B_k + \sum_{i=1}^{N} \psi_i \Delta^{-1} \phi_i \right)_+^{\frac{n}{k}*}(\phi_i), \ \ i = 1, 2, \cdots, N \tag{6.67c}$$

这是 k-约束的离散 KP 方程族. 当 $n = 1$, $k = 2$ 时, 由式 (6.67) 得

$$2\Delta(f_{0t_1} - f_0 f_{0t_1}) = (\Delta + 2)f_{0t_1t_1} + \Delta^2 \sum_{i=1}^{N}(\psi_i \phi_i^{(-1)}) \tag{6.68a}$$

$$\psi_{i,t_1} = \Delta(\psi_i) + f_0 \psi_i, \phi_{i,t_1} = -\Delta^*(\phi_i) - f_0 \phi_i, \ \ i = 1, 2, \cdots, N \tag{6.68b}$$

式 (6.68) 可化为第二型带自相容源的 Veselov-Shabat 方程[95].

6.3.2　推广的穿衣法及 N-孤子解

首先简单地回顾一下离散 KP 方程族的穿衣法[93]. 假设离散 KP 方程族 (6.49) 的算子 L 可写成穿衣形式

$$L = W \varDelta W^{-1} \tag{6.69}$$

$$W = \varDelta^N + w_1 \varDelta^{N-1} + w_2 \varDelta^{N-2} + \cdots + w_N$$

由文献 [50] 中的结果可知如果 W 满足

$$W_{t_n} = -L_-^n W \tag{6.70}$$

则 L 满足式 (6.49). 不难验证下面的引理.

引理 6.8　如果 $h_{t_n} = \varDelta^n(h)$, W 满足式 (6.70), 则 $\psi = W(h)$ 满足式 (6.52), 也就是

$$\psi_{t_n} = B_n(\psi) \tag{6.71}$$

如果 $h_1, \cdots, h_N$ 是 $W(h) = 0$ 的 N 个独立的解, 即 $W(h_i) = 0$, 则通过解下面的方程, $w_1, \cdots, w_N$ 完全由 h_i 所决定

$$
\begin{bmatrix}
h_1 & \varDelta(h_1) & \cdots & \varDelta^{N-1}(h_1) \\
h_2 & \varDelta(h_2) & \cdots & \varDelta^{N-1}(h_2) \\
\vdots & \vdots & & \vdots \\
h_N & \varDelta(h_N) & \cdots & \varDelta^{N-1}(h_N)
\end{bmatrix}
\begin{bmatrix}
w_N \\
w_{N-1} \\
\vdots \\
w_1
\end{bmatrix}
= -
\begin{bmatrix}
\varDelta^N(h_1) \\
\varDelta^N(h_2) \\
\vdots \\
\varDelta^N(h_N)
\end{bmatrix}
\tag{6.72}
$$

则算子 W 可写成

$$
W = \frac{1}{\mathrm{Wrd}(h_1, \cdots, h_N)}
\begin{vmatrix}
h_1 & h_2 & \cdots & h_N & 1 \\
\varDelta(h_1) & \varDelta(h_2) & \cdots & \varDelta(h_N) & \varDelta \\
\vdots & \vdots & & \vdots & \vdots \\
\varDelta^N(h_1) & \varDelta^N(h_2) & \cdots & \varDelta^N(h_N) & \varDelta^N
\end{vmatrix}
\tag{6.73}
$$

其中, $\mathrm{Wrd}(h_1, \cdots, h_N) =
\begin{vmatrix}
h_1 & h_2 & \cdots & h_N \\
\varDelta(h_1) & \varDelta(h_2) & \cdots & \varDelta(h_N) \\
\vdots & \vdots & & \vdots \\
\varDelta^{N-1}(h_1) & \varDelta^{N-1}(h_2) & \cdots & \varDelta^{N-1}(h_N)
\end{vmatrix}$

如此定义的算子满足下面的性质.

命题 6.6 假设 h_i 满足

$$h_{i,t_n} = \Delta^n(h_i), \ i = 1, \cdots, N \tag{6.74}$$

则由式 (6.73) 和式 (6.69) 给出的算子 W 和 L 分别满足式 (6.70) 和式 (6.49).

证明: 方程 $W(h_i) = 0$ 两端关于 ∂_{t_n} 求偏导数得

$$W_{t_n}(h_i) + W\Delta^n(h_i) = (W_{t_n} + L_+^n W + L_-^n W)(h_i)$$

$$= (W_{t_n} + L_-^n W)(h_i) = 0, \ i = 1, \cdots, N$$

由于 $L_-^n W = L^n W - L_+^n W = W\Delta^n - L_+^n W$, 且 $L_-^n W$ 是次数小于 N 的非负差分算子, 故 $W_{t_n} + L_-^n W$ 的次数也小于 N. 由差分方程理论可知 $W_{t_n} + L_-^n W$ 是零算子. □

下面推广穿衣法用于求解扩展的离散 KP 方程族 (6.55). 首先证明如下引理.

引理 6.9 在式 (6.69) 下, 如果 W 满足式 (6.70) 和

$$W_{\tau_k} = -L_-^k W + \sum_{i=1}^{N} \psi_i \Delta^{-1} \phi_i W \tag{6.75}$$

则 L 满足式 (6.55a) 和式 (6.55b).

证明: 已知 L 满足式 (6.55a), 故有

$$L_{\tau_k} = W_{\tau_k} \Delta W^{-1} - W\Delta W^{-1} W_{\tau_k} W^{-1}$$

$$= \left(-L_-^k + \sum_i \psi_i \Delta^{-1} \phi_i \right) L + L\left(L_-^k - \sum_i \psi_i \Delta^{-1} \phi_i \right)$$

$$= \left[B_k + \sum_{i=1}^{N} \psi_i \Delta^{-1} \phi_i, L \right] \qquad\qquad □$$

穿衣算子 W 构造如下.

令 $g_i, \bar{g}_i$ 满足

$$g_{i,t_n} = \Delta^n(g_i), \quad g_{i,\tau_k} = \Delta^k(g_i) \tag{6.76a}$$

$$\bar{g}_{i,t_n} = \Delta^n(\bar{g}_i), \ \bar{g}_{i,\tau_k} = \Delta^k(\bar{g}_i), \ i = 1, \cdots, N \tag{6.76b}$$

且令 h_i 是 g_i 和 $\bar{g}_i$ 的线性组合

$$h_i = g_i + \alpha_i(\tau_k)\bar{g}_i, \ i = 1, \cdots, N \tag{6.77}$$

其中, 系数 α_i 是 τ_k 的可微函数. 假设 $h_1, \cdots, h_N$ 仍然是线性无关的, 定义

$$\psi_i = -\dot{\alpha}_i W(\bar{g}_i), \phi_i = (-1)^{N-i} \frac{\mathrm{Wr}(\Gamma h_1, \cdots, \hat{\Gamma h_i}, \cdots, \Gamma h_N)}{\mathrm{Wr}(\Gamma h_1, \cdots, \Gamma h_N)}, i = 1, \cdots, N \tag{6.78}$$

其中, 符号 ^ 表示从离散的 Wronskian 行列式中去掉该项, $\dot{\alpha}_i = \dfrac{d\alpha_i}{d\tau_k}$, 则有以下命题.

命题 6.7　设 W 由式 (6.73) 和式 (6.77) 所定义, $L = W\Delta W^{-1}$, ψ_i 和 ϕ_i 由式 (6.78) 给出, 则 W, L, ψ_i, ϕ_i 满足式 (6.70), 式 (6.75) 和扩展的离散 KP 方程族 (6.55).

为了证明命题 6.7, 需要以下三个引理 (以下引理均是在命题 6.7 假设的条件下成立).

引理 6.10　(Oevel 和 Strampp 引理[88] 的离散版本)

$$W^{-1} = \sum_{i=1}^{N} h_i \Delta^{-1} \phi_i$$

证明:　注意到由式 (6.78) 定义的 $\phi_1, \cdots, \phi_N$ 满足

$$\sum_{i=1}^{N} \Delta^j(\Gamma h_i) \cdot \phi_i = \delta_{j,N-1}, \ j = 0, 1, \cdots, N-1 \tag{6.79}$$

其中, $\delta_{j,N-1}$ 是 Kronecker's delta 符号. 利用性质 $f\Delta^{-1} = \sum_{j\geqslant 0} \Delta^{-j-1}\Delta^j(\Gamma f)$ 得

$$\sum_{i=1}^{N} h_i \Delta^{-1}\phi_i = \sum_{i=1}^{N}\sum_{j=0}^{\infty} \Delta^{-j-1}\Delta^j(\Gamma(h_i)) \cdot \phi_i = \sum_{j=0}^{\infty}\Delta^{-j-1}\sum_{i=1}^{N}\Delta^j(\Gamma(h_i)) \cdot \phi_i$$

$$= \sum_{j=0}^{N-1}\Delta^{-j-1}\delta_{j,N-1} + \sum_{j=N}^{\infty}\Delta^{-j-1}\sum_{i=1}^{N}\Delta^j(\Gamma(h_i)) \cdot \phi_i$$

$$= \Delta^{-N} + O(\Delta^{-N-1})$$

因此有

$$W\sum_i h_i \Delta^{-1}\phi_i = 1 + \left(W\sum_i h_i\Delta^{-1}\phi_i\right)_- = 1 + \sum_i W(h_i)\Delta^{-1}\phi_i = 1 \tag{6.80}$$

这就完成了该引理的证明.　　　　　　　　　　　　　　　　　　□

引理 6.11 $W^*(\phi_i) = 0, i = 1, \cdots, N.$

证明：引理 6.7 表明

$$(\Delta^{-1}\phi_i W)_- = \Delta^{-1}W^*(\phi_i) \tag{6.81}$$

由引理 6.4 和式 (6.56a) 得

$$0 = (\Delta^j W^{-1}W)_{-1} = \left(\Delta^j \sum_{i=1}^N h_i\Delta^{-1}\phi_i W\right)_- = \left(\sum_{i=1}^N \Delta^j(h_i)\Delta^{-1}\phi_i W\right)_-$$

$$= \sum_{i=1}^N \Delta^j(h_i)\Delta^{-1}W^*(\phi_i), \quad j = 0, \cdots, N-1$$

解关于 $\Delta^{-1}W^*(\phi_i)$ 的方程发现 $\Delta^{-1}W^*(\phi_i) = 0$, 这表明 $W^*(\phi_i) = 0$. □

引理 6.12 算子 $\Delta^{-1}\phi_i W$ 是非负差分算子, 且

$$(\Delta^{-1}\phi_i W)(h_j) = \delta_{ij}, \quad 1 \leqslant i, j \leqslant N \tag{6.82}$$

证明：引理 6.4 和式 (6.81) 表明 $\Delta^{-1}\phi_i W$ 是非负差分算子. 定义函数 $c_{ij} = (\Delta^{-1}\phi_i W)(h_j)$, 则 $\Delta(c_{ij}) = \phi_i W(h_j) = 0$, 这说明 c_{ij} 不依赖离散变量 n. 由引理 6.11 可知

$$\sum_{i=1}^N \Delta^k(h_i)c_{ij} = \Delta^k\left(\sum_i (h_i\Delta^{-1}\phi_i W)(h_j)\right) = \Delta^k(W^{-1}W)(h_j) = \Delta^k(h_j)$$

因此 $c_{ij} = \delta_{ij}$. □

命题 6.7 的证明. 式 (6.70) 的证明类似于上一节的证明. 对于式 (6.75), 对恒等式 $W(h_i) = 0$ 求偏导数 ∂_{τ_k}, 利用式 (6.76), 式 (6.77), 式 (6.78) 和引理 6.4 知

$$0 = (W_{\tau_k})(h_i) + (W\Delta^k)(h_i) + \dot{\alpha}_i W(\bar{g}_i)$$

$$= (W_{\tau_k})(h_i) + (L^k W)(h_i) - \sum_{j=1}^N \psi_j\delta_{ji} = \left(W_{\tau_k} + L_-^k W - \sum_{j=1}^N \psi_j\Delta^{-1}\phi_j W\right)(h_i)$$

由于在最后一个表达式中作用在 h_i 上的非负差分算子次数小于 N, 因此它要使 N 个独立的函数为零, 只有该算子本身为零. 这样就证明了式 (6.75). 由引理 6.9 可得到式 (6.55b). 直接计算可证明式 (6.55c) 中的第一个方程, 因此下面只需证明式 (6.55c) 中的第二个方程即可.

首先注意到

$$(W^{-1})_{t_n} = -W^{-1}W_{t_n}W^{-1} = W^{-1}(L^n - B_n) = \Delta^n W^{-1} - W^{-1}B_n$$

将 $W^{-1} = \sum h_i \Delta^{-1} \phi_i$ 代入上式两端得

$$(W^{-1})_{t_n} = \sum \Delta^n(h_i) \Delta^{-1} \phi_i + \sum h_i \Delta^{-1} \phi_{i,t_n}$$

$$= (\Delta^n W^{-1} - W^{-1} B_n)_- = \sum \Delta^n(h_i) \Delta^{-1} \phi_i - \sum h_i \Delta^{-1} B_n^*(\phi_i)$$

那么 $\sum h_i \Delta^{-1} \phi_{i,t_n} = -\sum h_i \Delta^{-1} B_n^*(\phi_i)$ 表明式 (6.55c) 成立.

利用命题 6.7, 我们可以得到扩展的离散 KP 方程族 (6.55) 中每个方程的解. 下面通过解式 (6.59) 和式 (6.61) 对此加以说明. 对于式 (6.59), 令 $\delta_i = \mathrm{e}^{\lambda_i} - 1$, $\kappa_i = \mathrm{e}^{\mu_i} - 1$, 取式 (6.76) 的解为

$$g_i := \exp(l\lambda_i + \delta_i t_1 + \delta_i^2 \tau_2) = \mathrm{e}^{\xi_i}, \bar{g}_i := \exp(l\mu_i + \kappa_i t_1 + \kappa_i^2 \tau_2) = \mathrm{e}^{\eta_i}$$

$$h_i := g_i + \alpha_i(\tau_2)\bar{g}_i = 2\sqrt{\alpha_i} \exp\left(\frac{\xi_i + \eta_i}{2}\right) \cosh(\Omega_i), \quad \Omega_i = \frac{1}{2}(\xi_i - \eta_i - \ln\alpha_i)$$

$$(6.83)$$

由于 $L = W \Delta W^{-1} = \Delta + f_0 + f_1 \Delta^{-1} + \cdots$, 所以有

$$f_0 = \mathrm{Res}_\Delta(W \Delta W^{-1} \Delta^{-1}) \tag{6.84}$$

其中 W 由式 (6.73) 和式 (6.83) 给出, 则 f_0 及由式 (6.78) 给出的 ψ_i 和 ϕ_i 是方程 (6.59) 的 N-孤子解.

例如, 当 $N = 1$ 时, 得到方程 (6.59) 的单孤子解

$$f_0 = \exp\left(\frac{\lambda_1 + \mu_1}{2}\right)\left(\frac{\cosh(\Omega_1 + 2\theta_1)}{\cosh(\Omega_1 + \theta_1)} - \frac{\cosh(\Omega_1 + \theta_1)}{\cosh\Omega_1}\right)$$

$$\psi_1 = -\frac{\mathrm{d}\sqrt{\alpha_1}}{\mathrm{d}\tau_2}(e^{\mu_1 - \lambda_1}) \exp\frac{\xi_1 + \eta_1}{2}\mathrm{sech}\Omega_1$$

$$\phi_1 = \frac{e^{-(\lambda_1 + \mu_1)/2} \exp\left(-\dfrac{\xi_1 + \eta_1}{2}\right)}{2\sqrt{\alpha_1}}\mathrm{sech}(\Omega_1 + \theta_1), \theta_1 = \frac{\lambda_1 - \mu_1}{2}$$

当 $N = 2$ 时, 得到方程 (6.59) 的二孤子解

$$f_0 = -\Delta(w_1) = (\mathrm{e}^{\lambda_1} + \mathrm{e}^{\lambda_2})\Delta\left(\frac{v_1}{v}\right)$$

$$\psi_1 = -\frac{\dot{\alpha}_1}{v}\left(1 + \alpha_2 \frac{(\mathrm{e}^{\mu_2} - \mathrm{e}^{\lambda_1})(\mathrm{e}^{\mu_1} - \mathrm{e}^{\mu_2})}{(\mathrm{e}^{\lambda_2} - \mathrm{e}^{\lambda_1})(\mathrm{e}^{\mu_1} - \mathrm{e}^{\lambda_2})}\mathrm{e}^{\chi_2}\right)(\mathrm{e}^{\mu_1} - \mathrm{e}^{\lambda_1})(\mathrm{e}^{\mu_1} - \mathrm{e}^{\lambda_2})\mathrm{e}^{\eta_1}$$

$$\psi_2 = -\frac{\dot{\alpha}_2}{v}\left(1 + \alpha_1 \frac{(\mathrm{e}^{\mu_1} - \mathrm{e}^{\lambda_2})(\mathrm{e}^{\mu_1} - \mathrm{e}^{\mu_2})}{(\mathrm{e}^{\lambda_2} - \mathrm{e}^{\lambda_1})(\mathrm{e}^{\mu_2} - \mathrm{e}^{\lambda_1})}\mathrm{e}^{\chi_2}\right)(\mathrm{e}^{\mu_2} - \mathrm{e}^{\lambda_2})(\mathrm{e}^{\mu_2} - \mathrm{e}^{\lambda_1})\mathrm{e}^{\eta_2}$$

$$\phi_1 = \Gamma \left(\frac{1 + \alpha_2 e^{\chi_2}}{(e^{\lambda_1} - e^{\lambda_2})v} e^{-\xi_1} \right), \phi_2 = \Gamma \left(\frac{1 + \alpha_1 e^{\chi_1}}{(e^{\lambda_2} - e^{\lambda_1})v} e^{-\xi_2} \right)$$

其中

$$v = 1 + \alpha_1 \frac{e^{\lambda_2} - e^{\mu_1}}{e^{\lambda_2} - e^{\lambda_1}} e^{\chi_1} + \alpha_2 \frac{e^{\mu_2} - e^{\lambda_1}}{e^{\lambda_2} - e^{\lambda_1}} e^{\chi_2} + \alpha_1 \alpha_2 \frac{e^{\mu_2} - e^{\mu_1}}{e^{\lambda_2} - e^{\lambda_1}} e^{\chi_1 + \chi_2}$$

$$v_1 = 1 + \alpha_1 \frac{e^{2\lambda_2} - e^{2\mu_1}}{e^{\lambda_2} - e^{\lambda_1}} e^{\chi_1} + \alpha_2 \frac{e^{2\mu_2} - e^{2\lambda_1}}{e^{\lambda_2} - e^{\lambda_1}} e^{\chi_2} + \alpha_1 \alpha_2 \frac{e^{2\mu_2} - e^{2\mu_1}}{e^{\lambda_2} - e^{\lambda_1}} e^{\chi_1 + \chi_2}$$

可以说明二孤子解的相互作用是弹性的.

对于方程 (6.61), 取式 (6.76) 的解为

$$g_i := \exp(l\lambda_i + \delta_i \tau_1 + \delta_i^2 t_2) = e^{\xi_i}, \quad \bar{g}_i := \exp(l\mu_i + \kappa_i \tau_1 + \kappa_i^2 t_2) = e^{\eta_i}$$

$$h_i := g_i + \alpha_i(\tau_1)\bar{g}_i = 2\sqrt{\alpha_i} \exp\left(\frac{\xi_i + \eta_i}{2} \right) \cosh(\Omega_i)$$

则

$$f_0 = \text{Res}_\Delta(W \Delta W^{-1} \Delta^{-1}), \ f_1 = \text{Res}_\Delta(W \Delta W^{-1})$$

及由式 (6.78) 给出的 ψ_i 和 ϕ_i 给出方程 (6.61) 的 N 孤子解.

第 7 章 短脉冲方程及 Camassa-Holm 型方程的带源形变与求解

7.1 超短脉冲方程的带源形变及解

2004 年, 从光纤中的麦克斯韦电场方程出发, Schäfer 和 Wayne 导出了短脉冲方程[96], 该方程可描述在非线性介质中, 超短光脉冲的传播. 本节中, 我们构造了带源形变的超短脉冲方程, 并利用带源形变的 sine-Gordon 方程的解得到了带源形变的超短脉冲方程的环孤子、negaton 解和 positon 解.

7.1.1 带源形变的超短脉冲方程

考虑特征值问题[97]

$$\left[\begin{array}{c} \varphi_1 \\ \varphi_2 \end{array}\right]_x = U \left[\begin{array}{c} \varphi_1 \\ \varphi_2 \end{array}\right], \quad U = \left[\begin{array}{cc} \lambda & \lambda u_x \\ \lambda u_x & -\lambda \end{array}\right] \tag{7.1}$$

$$\left[\begin{array}{c} \varphi_1 \\ \varphi_2 \end{array}\right]_t = V \left[\begin{array}{c} \varphi_1 \\ \varphi_2 \end{array}\right], \quad V = \left[\begin{array}{cc} A & B \\ C & -A \end{array}\right] \tag{7.2}$$

令

$$V = \sum_{m=0}^{\infty} \left[\begin{array}{cc} \lambda a_m & \lambda u_x a_m + b_m \\ \lambda u_x a_m + c_m & -\lambda a_m \end{array}\right] \lambda^m \tag{7.3}$$

由静态零曲率方程

$$V_x = [U, V] \tag{7.4}$$

得

$$\begin{cases} a_{m,x} = u_x(c_m - b_m) \\ b_{m+1,x} = 2b_m - (u_x a_m)_x \\ c_{m+1,x} = -2c_m - (u_x a_m)_x \end{cases} \tag{7.5}$$

取初值 $b_0 = c_0 = 0$, $a_0 = \dfrac{1}{4}$, 可得

$$b_1 = c_1 = -\frac{1}{4}u_x, \ a_1 = 0, b_2 = -c_2 = -\frac{1}{2}u, \ a_2 = \frac{1}{2}u^2, \cdots$$

一般地, 由式 (7.5) 可得递推公式

$$b_{2n} = -c_{2n} = 2\partial^{-1}b_{2n-1} \tag{7.6a}$$

$$a_{2n} = -2\partial^{-1}(u_x b_{2n}), \ a_{2n+1} = 0 \tag{7.6b}$$

$$b_{2n+1} = c_{2n+1} = 2\partial^{-1}b_{2n} - u_x a_{2n} = Lb_{2n-1}$$

$$L = 4(\partial^{-1} + u_x \partial^{-1} u_x)\partial^{-1} \tag{7.6c}$$

其中, $\partial = \dfrac{\partial}{\partial x}$, $\partial\partial^{-1} = \partial^{-1}\partial = 1$.

令

$$V^{(n)} = \sum_{m=0}^{2n} \begin{bmatrix} \lambda a_m & \lambda u_x a_m + b_m \\ \lambda u_x a_m + c_m & -\lambda a_m \end{bmatrix} \lambda^{m-2n} \tag{7.7}$$

并取

$$\begin{bmatrix} \varphi_1 \\ \varphi_2 \end{bmatrix}_{t_n} = V^{(n)} \begin{bmatrix} \varphi_1 \\ \varphi_2 \end{bmatrix} \tag{7.8}$$

则由式 (7.1) 和式 (7.8) 的相容性可得到短脉冲方程族

$$u_{x t_n} = -\partial b_{2n+1}, \ n = 0, 1, \ \cdots \tag{7.9}$$

当 $n = 1$ 时, 由式 (7.9) 得到短脉冲方程

$$u_{xt} = u + \frac{1}{6}(u^3)_{xx} \tag{7.10}$$

此时 $V^{(2)}$ 为

$$V^{(2)} = \begin{bmatrix} \dfrac{1}{2}\lambda u^2 + \dfrac{1}{4\lambda} & \dfrac{1}{2}\lambda u^2 u_x - \dfrac{u}{2} \\ \dfrac{1}{2}\lambda u^2 u_x + \dfrac{u}{2} & -\dfrac{1}{2}\lambda u^2 - \dfrac{1}{4\lambda} \end{bmatrix}$$

对 n 个不同的实数 λ_j, 考虑下面的谱问题

$$\begin{bmatrix} \varphi_{1j} \\ \varphi_{2j} \end{bmatrix}_x = \begin{bmatrix} \lambda_j & \lambda_j u_x \\ \lambda_j u_x & -\lambda_j \end{bmatrix} \begin{bmatrix} \varphi_{1j} \\ \varphi_{2j} \end{bmatrix}$$

直接计算可得

$$\frac{\delta\lambda_j}{\delta u} = -2\lambda_j(\varphi_{1j}^2 + \varphi_{2j}^2), \ \ L(\varphi_{1j}^2 + \varphi_{2j}^2)_x = \frac{1}{\lambda_j^2}(\varphi_{1j}^2 + \varphi_{2j}^2)_x \tag{7.11}$$

根据文献 [98]～[100] 中的方法, 带源形变的短脉冲方程族定义如下:

$$u_{xt_n} = -\partial\left[b_{2n+1} - \sum_{j=1}^{N}\frac{1}{2\lambda_j^2}(\varphi_{1j}^2 + \varphi_{2j}^2)_x\right] \tag{7.12a}$$

$$\varphi_{1jx} = \lambda_j\varphi_{1j} + \lambda_j u_x\varphi_{2j},\ \varphi_{2jx} = \lambda_j u_x\varphi_{1j} - \lambda_j\varphi_{2j},\ j = 1,2,\cdots,N \tag{7.12b}$$

当 $n=1$ 时, 由式 (7.12) 得到带源形变的短脉冲方程

$$u_{xt} = u + \frac{1}{6}(u^3)_{xx} + \sum_{j=1}^{N}\frac{1}{2\lambda_j^2}(\varphi_{1j}^2 + \varphi_{2j}^2)_{xx} \tag{7.13a}$$

$$\varphi_{1jx} = \lambda_j\varphi_{1j} + \lambda_j u_x\varphi_{2j},\ \varphi_{2jx} = \lambda_j u_x\varphi_{1j} - \lambda_j\varphi_{2j},\ j = 1,2,\cdots,N \tag{7.13b}$$

　　下面构造带源形变的短脉冲方程 (7.13) 的 Lax 对.
首先考虑式 (7.13) 的静态方程

$$b_3 - \sum_{j=1}^{N}\frac{1}{2\lambda_j^2}(\varphi_{1j}^2 + \varphi_{2j}^2)_x = 0 \tag{7.14a}$$

$$\varphi_{1jx} = \lambda_j\varphi_{1j} + \lambda_j u_x\varphi_{2j},\ \varphi_{2jx} = \lambda_j u_x\varphi_{1j} - \lambda_j\varphi_{2j},\ j = 1,2,\cdots,N \tag{7.14b}$$

根据式 (7.6), 式 (7.11) 和式 (7.14), 可以定义

$$\bar{a}_0 = \frac{1}{4},\ \bar{b}_0 = \bar{c}_0 = 0,\ \bar{b}_1 = \bar{c}_1 = -\frac{1}{4}u_x,\ \bar{a}_1 = 0, \bar{b}_2 = -\bar{c}_2 = -\frac{1}{2}u,\ \bar{a}_2 = \frac{1}{2}u^2$$

$$\bar{b}_{2n+1} = \bar{c}_{2n+1} = L^{n-1}\bar{b}_3 = L^{n-1}\sum_{j=1}^{N}\frac{1}{2\lambda_j^2}(\varphi_{1j}^2 + \varphi_{2j}^2)_x$$

$$= \sum_{j=1}^{N}\frac{1}{2\lambda_j^{2n}}(\varphi_{1j}^2 + \varphi_{2j}^2)_x,\ n = 1,2,\cdots$$

$$\bar{b}_{2n} = -\bar{c}_{2n} = 2\partial^{-1}\bar{b}_{2n-1} = \sum_{j=1}^{N}\frac{1}{\lambda_j^{2n-2}}(\varphi_{1j}^2 + \varphi_{2j}^2),\ n = 2,3,\cdots$$

$$\bar{a}_{2n} = -2\partial^{-1}(u_x\bar{b}_{2n}) = -2\partial^{-1}\sum_{j=1}^{N}\frac{1}{\lambda_j^{2n-2}}u_x(\varphi_{1j}^2 + \varphi_{2j}^2)$$

$$= -2\sum_{j=1}^{N}\frac{1}{\lambda_j^{2n-1}}\varphi_{1j}\varphi_{2j},\ n = 2,3,\cdots$$

$$\bar{a}_{2n+1} = 0, \quad n = 1, 2, 3, \cdots$$

于是得到

$$\bar{A} = \lambda^{-2} \sum_{n=0}^{\infty} \bar{a}_n \lambda^{n+1} = \frac{1}{4\lambda} + \frac{1}{2}u^2 + \bar{A}_0$$

$$\bar{A}_0 = \sum_{n=2}^{\infty} \bar{a}_{2n}\lambda^{2n-1} = -2\sum_{j=1}^{N}\sum_{n=2}^{\infty} \left(\frac{\lambda}{\lambda_j}\right)^{2n-1} \varphi_{1j}\varphi_{2j}$$

$$= 2\lambda \sum_{j=1}^{N} \frac{1}{\lambda_j}\varphi_{1j}\varphi_{2j} + 2\lambda \sum_{j=1}^{N} \frac{\lambda_j}{\lambda^2 - \lambda_j^2}\varphi_{1j}\varphi_{2j}$$

用同样的方法可得

$$\bar{V} = \begin{bmatrix} \bar{A} & \bar{B} \\ \bar{C} & -\bar{A} \end{bmatrix} = \lambda^{-2} \sum_{n=0}^{\infty} \begin{bmatrix} \lambda \bar{a}_n & \lambda u_x \bar{a}_n + \bar{b}_n \\ \lambda u_x \bar{a}_n + \bar{c}_n & -\lambda \bar{a}_n \end{bmatrix} \lambda^n$$

$$= V^{(2)} + N_0, \quad N_0 = \begin{bmatrix} \bar{A}_0 & \bar{B}_0 \\ \bar{C}_0 & -\bar{A}_0 \end{bmatrix}$$

$$\bar{B}_0 = \sum_{j=1}^{N} \left\{ \frac{2\lambda}{\lambda_j} u_x \varphi_{1j}\varphi_{2j} - (\varphi_{1j}^2 + \varphi_{2j}^2) - \frac{\lambda_j}{\lambda}(\varphi_{1j}^2 - \varphi_{2j}^2) \right.$$

$$\left. + \frac{\lambda_j^2}{\lambda^2 - \lambda_j^2} \left[\frac{\lambda_j}{\lambda}(\varphi_{2j}^2 - \varphi_{1j}^2) - (\varphi_{1j}^2 + \varphi_{2j}^2) \right] \right\}$$

$$\bar{C}_0 = \sum_{j=1}^{N} \left\{ \frac{2\lambda}{\lambda_j} u_x \varphi_{1j}\varphi_{2j} + (\varphi_{1j}^2 + \varphi_{2j}^2) - \frac{\lambda_j}{\lambda}(\varphi_{1j}^2 - \varphi_{2j}^2) \right.$$

$$\left. + \frac{\lambda_j^2}{\lambda^2 - \lambda_j^2} \left[\frac{\lambda_j}{\lambda}(\varphi_{2j}^2 - \varphi_{1j}^2) + (\varphi_{1j}^2 + \varphi_{2j}^2) \right] \right\}$$

因为 $\bar{a}_n$, $\bar{b}_n$ 和 $\bar{c}_n$ 与式 (7.5) 满足相同的递推关系. 显然 $\bar{V}$ 也满足

$$\bar{V}_x = [U, \bar{V}] \tag{7.15}$$

事实上, 易证在条件 (7.14b) 下由式 (7.15) 可导出式 (7.14a). 由于方程 (7.14) 是方程 (7.13) 的静态方程, 立即可得到带源形变的短脉冲方程 (7.13) 的零曲率表示

$$U_t - \bar{V}_x + [U, \bar{V}] = 0 \tag{7.16}$$

及 Lax 对

$$\left[\begin{array}{c} \phi_1 \\ \phi_2 \end{array}\right]_x = \left[\begin{array}{cc} \lambda & \lambda u_x \\ \lambda u_x & -\lambda \end{array}\right]\left[\begin{array}{c} \phi_1 \\ \phi_2 \end{array}\right] \tag{7.17a}$$

$$\left[\begin{array}{c} \phi_1 \\ \phi_2 \end{array}\right]_t = \bar{V}\left[\begin{array}{c} \phi_1 \\ \phi_2 \end{array}\right] \tag{7.17b}$$

进而, 带源形变的短脉冲方程族 (7.12) 的零曲率表示和 Lax 对可由式 (7.16) 和式 (7.17) 给出, 其中

$$\bar{V} = V^{(n)} + N_0$$

7.1.2 新的带源形变的 sine-Gordon 方程

引入新的因变量[101]

$$r^2 = 1 + u_x^2 \tag{7.18}$$

方程 (7.13a) 转化为如下形式:

$$r_t = \frac{1}{2}(u^2 r)_x + \frac{u_x}{2r}\sum_{j=1}^{N}\lambda_j^{-2}(\varphi_{1j}^2 + \varphi_{2j}^2)_{xx} = \left(\frac{1}{2}u^2 r + 2r\sum_{j=1}^{N}\lambda_j^{-1}\varphi_{1j}\varphi_{2j}\right)_x \tag{7.19}$$

因此, 可以通过下面的关系给出 $(x,t) \to (y,s)$ 间的倒数变换

$$\mathrm{d}y = r\mathrm{d}x + \left(\frac{1}{2}u^2 r + 2r\sum_{j=1}^{N}\lambda_j^{-1}\varphi_{1j}\varphi_{2j}\right)\mathrm{d}s, \quad \mathrm{d}s = \mathrm{d}t \tag{7.20}$$

于是有

$$\frac{\partial}{\partial x} = r\frac{\partial}{\partial y}, \quad \frac{\partial}{\partial t} = \frac{\partial}{\partial s} + \left(\frac{1}{2}u^2 r + 2r\sum_{j=1}^{N}\lambda_j^{-1}\varphi_{1j}\varphi_{2j}\right)\frac{\partial}{\partial y} \tag{7.21}$$

记 $\phi_i(x,t) = \psi_i(y,s),\ \varphi_{ij}(x,t) = \psi_{ij}(y,s)\ (i=1,2)$, 对于新的变量 y 和 s, 式 (7.18) 和式 (7.19) 分别转化为

$$r^2 = 1 + r^2 u_y^2 \tag{7.22}$$

$$r_s = r^2 u u_y + 2r^2\sum_{j=1}^{N}\lambda_j^{-1}(\psi_{1j}\psi_{2j})_y \tag{7.23}$$

进一步定义

$$u_y = \sin z, \; z = z(y, s) \tag{7.24}$$

将式 (7.24) 带入式 (7.22) 得到

$$r = \frac{1}{\cos z} \tag{7.25}$$

利用式 (7.21) 和式 (7.25), 式 (7.13b) 转化为下面的形式:

$$\psi_{1jy} = \lambda_j \cos z \psi_{1j} + \lambda_j \sin z \psi_{2j}, \; \psi_{2jy} = \lambda_j \sin z \psi_{1j} - \lambda_j \cos z \psi_{2j}, \; j = 1, 2, \cdots, N \tag{7.26}$$

在条件 (7.24)~(7.26) 下, 式 (7.23) 变为

$$z_s = u + 2 \sum_{j=1}^{N} (\psi_{1j}^2 + \psi_{2j}^2) \tag{7.27}$$

因此, 在倒数变换 (7.21) 下, 带源形变的短脉冲方程 (7.13) 转换为下面带源形变的 sine-Gordon 方程:

$$z_{ys} = \sin z + 2 \sum_{j=1}^{N} (\psi_{1j}^2 + \psi_{2j}^2)_y \tag{7.28a}$$

$$\psi_{1jy} = \lambda_j \cos z \psi_{1j} + \lambda_j \sin z \psi_{2j},$$

$$\psi_{2jy} = \lambda_j \sin z \psi_{1j} - \lambda_j \cos z \psi_{2j}, \; j = 1, 2, \cdots, N \tag{7.28b}$$

系统 (7.28) 不同于文献 [31] 中研究的带自相容源的 sine-Gordon 方程. 在倒数变化 (式 (7.21), 式 (7.24), 式 (7.25) 和式 (7.27)) 下, 带源形变的短脉冲方程 (7.13) 的 Lax 对 (7.17) 转换为带源形变的 sine-Gordon 方程的 Lax 对

$$\left[\begin{array}{c} \psi_1 \\ \psi_2 \end{array} \right]_y = \left[\begin{array}{cc} \lambda \cos z & \lambda \sin z \\ \lambda \sin z & -\lambda \cos z \end{array} \right] \left[\begin{array}{c} \psi_1 \\ \psi_2 \end{array} \right]$$

$$\left[\begin{array}{c} \psi_1 \\ \psi_2 \end{array} \right]_s = N \left[\begin{array}{c} \psi_1 \\ \psi_2 \end{array} \right]$$

$$N = \left[\begin{array}{cc} \dfrac{1}{4\lambda} & -\dfrac{1}{2} z_s \\ \dfrac{1}{2} z_s & -\dfrac{1}{4\lambda} \end{array} \right]$$

$$+ \sum_{j=1}^{N} \frac{\lambda_j}{\lambda^2 - \lambda_j^2} \left[\begin{array}{cc} 2\lambda \psi_{1j} \psi_{2j} & -\lambda_j(\psi_{1j}^2 + \psi_{2j}^2) - \lambda(\psi_{1j}^2 - \psi_{2j}^2) \\ \lambda_j(\psi_{1j}^2 + \psi_{2j}^2) - \lambda(\psi_{1j}^2 - \psi_{2j}^2) & -2\lambda \psi_{1j} \psi_{2j} \end{array} \right]$$

7.1.3　带源形变的 sine-Gordon 方程的孤子解、negaton 解及 positon 解

引入因变量变换

$$z = 2\mathrm{i} \ln \frac{\bar{f}}{f} \tag{7.29a}$$

$$\psi_{1j} = \mathrm{i}\left(\frac{g_j}{f} - \frac{\bar{g}_j}{\bar{f}}\right), \quad \psi_{2j} = -\left(\frac{\bar{g}_j}{\bar{f}} + \frac{g_j}{f}\right), \quad j = 1, \cdots, N \tag{7.29b}$$

带源形变的 sine-Gordon 方程 (7.28) 转化为双线性形式

$$\mathrm{D}_y \mathrm{D}_s f \cdot f = \frac{1}{2}(f^2 - \bar{f}^2) - 8i\sum_{j=1}^{N} \lambda_j \bar{g}_j{}^2 \tag{7.30a}$$

$$\mathrm{D}_y g_j \cdot f = -\lambda_j \bar{g}_j \bar{f}, \quad j = 1, 2, \cdots, N \tag{7.30b}$$

其中, $\bar{f}$ 和 $\bar{g}_j$ 分别为 f 和 g_j 的复共轭, D 是 Hirota 双线性算子[102]

$$\mathrm{D}_y^m \mathrm{D}_s^n f \cdot g = (\partial_y - \partial_{y'})^m (\partial_s - \partial_{s'})^n f(y, s) g(y', s')|_{y'=y, s'=s}$$

Wronskian 行列式定义为[103]

$$W = |\Psi^{(0)}, \Psi^{(1)}, \cdots, \Psi^{(N-1)}| = |0, 1, \cdots, N-1| = |\widehat{N-1}|$$

其中, $\Psi^{(0)} = \Psi = (\Psi_1(y, s),\ \Psi_2(y, s), \cdots, \Psi_N(y, s))^{\mathrm{T}}$, $\Psi^{(j)} = \dfrac{\partial^j \Psi}{\partial y^j}$. 由于除了将 g_j 替换为 $\bar{g}_j$ 外, 双线性形式 (7.30) 和文献 [31] 中的一样, 因此可以通过直接使用文献 [31] 中的公式和记号得到带源形变的 sine-Gordon 方程 (7.28) 的解, 故有如下定理.

定理 7.1　令

$$\Psi_j = \mathrm{i}\mathrm{e}^{\xi_j} - (-1)^j \mathrm{e}^{-\xi_j}, \quad j = 1, 2, \cdots, N \tag{7.31}$$

其中, $\xi_j = -\lambda_j y - \dfrac{s}{4\lambda_j} + \alpha_j(s)$, λ_j 是实数且满足 $\lambda_1 < \lambda_2 < \cdots < \lambda_N$, 则带源形变的 sine-Gordon 方程 (7.28) 有 Wronskian 行列式解

$$f = |\widehat{N-1}| \tag{7.32a}$$

$$g_h = (-1)^{h+N}\sqrt{\alpha'_h(s) \prod_{l=1}^{h-1}(\lambda_h^2 - \lambda_l^2) \prod_{l=h+1}^{N}(\lambda_l^2 - \lambda_h^2)|\overline{\widehat{N-2, \tau_h}|}}$$

$$\tau_h = (\delta_{h,1}, \cdots, \delta_{h,N})^{\mathrm{T}}, \ h = 1, \cdots, N \tag{7.32b}$$

其中, $\overline{|N-2,\tau_h|}$ 表示 $|\widehat{N-2,\tau_h}|$ 的复共轭.

定理 7.1 可以用与文献 [31] 中相同的方式证明, 故在此省略其证明.

当取 $N = 1$ 时, 由式 (7.29) 和式 (7.32) 给出带源形变的 sine-Gordon 方程 (7.28) 的单孤子解

$$z_1 = 4 \arctan \mathrm{e}^{2\xi_1} = 2i \ln \frac{1 - \mathrm{i}\mathrm{e}^{2\xi_1}}{1 + \mathrm{i}\mathrm{e}^{2\xi_1}}$$

$$\psi_{11} = \frac{2\sqrt{\alpha_1'(s)}\mathrm{e}^{3\xi_1}}{1 + \mathrm{e}^{4\xi_1}}, \ \psi_{21} = \frac{-2\sqrt{\alpha_1'(s)}\mathrm{e}^{\xi_1}}{1 + \mathrm{e}^{4\xi_1}}$$

图 7.1 中绘制了当 $\alpha_1(s) = s$ 和 $\alpha_1(s) = s^2$ 时单孤子的图形.

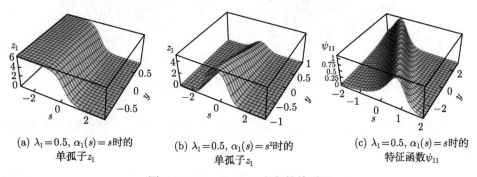

(a) $\lambda_1 = 0.5$, $\alpha_1(s) = s$时的
单孤子z_1

(b) $\lambda_1 = 0.5$, $\alpha_1(s) = s^2$时的
单孤子z_1

(c) $\lambda_1 = 0.5$, $\alpha_1(s) = s$时的
特征函数ψ_{11}

图 7.1　sine-Gordon 方程的单孤子

类似地, 在式 (7.32) 中取 $N = 2$ 得

$$f = (\mathrm{e}^{\xi_1 + \xi_2} + \mathrm{e}^{-(\xi_1 + \xi_2)})(\lambda_2 - \lambda_1) - \mathrm{i}(\mathrm{e}^{\xi_1 - \xi_2} - \mathrm{e}^{\xi_2 - \xi_1})(\lambda_1 + \lambda_2) \tag{7.33a}$$

$$g_1 = -\sqrt{\alpha_1'(s)(\lambda_2^2 - \lambda_1^2)}(\mathrm{e}^{-\xi_2} + \mathrm{i}\mathrm{e}^{\xi_2}), \ g_2 = \sqrt{\alpha_2'(s)(\lambda_2^2 - \lambda_1^2)}(\mathrm{e}^{-\xi_1} - \mathrm{i}\mathrm{e}^{\xi_1}) \tag{7.33b}$$

由式 (7.29) 和式 (7.33) 得到带源形变的 sine-Gordon 方程 (7.28) 的二孤子解.

图 7.2 展示了参数分别取 $\lambda_1 = -0.1$, $\lambda_2 = 1$, $\alpha_1(s) = s$, $\alpha_2(s) = s$ 及 $\lambda_1 = -0.1$, $\lambda_2 = 1$, $\alpha_1(s) = \sin 2s$, $\alpha_2(s) = \cos s$ 时二孤子的形状及相互作用, 由此可见相互作用是弹性碰撞, 任意函数 $\alpha_j(s)$ 影响孤子的传播轨迹.

注意到解 (7.32) 中含有任意函数 $\alpha_j(s)$, 这意味着在孤子方程中添加非齐次项后会引起孤子波形及传播速度的改变. 因此带源形变的孤子方程的解具有更加丰富的动力学行为.

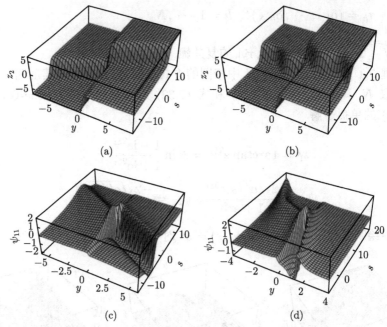

图 7.2　二孤子的相互作用及源的影响

当 $N = 2$ 时, 取 $\alpha_1(s) = c_1$, $\alpha_2(s) = (\lambda_2 - \lambda_1)e(s) + c_1 - \dfrac{1}{2}\mathrm{i}\pi$, 则由式 (7.31) 得到

$$\Psi_1 = \mathrm{e}^{-\xi_1} + \mathrm{i}\mathrm{e}^{\xi_1}, \quad \Psi_2 = -\mathrm{i}(\mathrm{e}^{-\xi_2} + \mathrm{i}\mathrm{e}^{\xi_2}) \tag{7.34}$$

其中, $\xi_1 = -\lambda_1 y - \dfrac{s}{4\lambda_1} + c_1$, $\xi_2 = -\lambda_2 y - \dfrac{s}{4\lambda_2} + (\lambda_2 - \lambda_1)e(s) + c_1 - \dfrac{1}{2}\mathrm{i}\pi$, c_1 是常数, $e(s)$ 是 s 的任意函数. 由定理 7.1 得

$$f = \begin{vmatrix} \Psi_1 & \Psi_{1y} \\ \Psi_2 & \Psi_{2y} \end{vmatrix} = \begin{vmatrix} \Psi_1 & \Psi_{1y} \\ \dfrac{\partial \Psi_2}{\partial \lambda_2}\Big|_{\lambda_2 = \lambda_1} & \dfrac{\partial^2 \Psi_2}{\partial \lambda_2 \partial y}\Big|_{\lambda_2 = \lambda_1} \end{vmatrix} (\lambda_2 - \lambda_1) + o(\lambda_2 - \lambda_1)$$

$$= -(\mathrm{e}^{2\xi_1} + \mathrm{e}^{-2\xi_1} + 4\mathrm{i}\lambda_1\gamma)(\lambda_2 - \lambda_1) + o(\lambda_2 - \lambda_1) \tag{7.35a}$$

$$g_1 = 0 \tag{7.35b}$$

$$g_2 = \sqrt{(\lambda_2 - \lambda_1)e'(s)(\lambda_2^2 - \lambda_1^2)} \begin{vmatrix} \Psi_1 & 0 \\ \Psi_2 & 1 \end{vmatrix}$$

$$= (\lambda_2 - \lambda_1)\sqrt{e'(s)(\lambda_2 + \lambda_1)}(\mathrm{e}^{-\xi_1} - \mathrm{i}\mathrm{e}^{\xi_1}) \tag{7.35c}$$

其中, $\gamma = y - \dfrac{s}{4\lambda_1^2} - e(s)$. 于是通过取极限 $\lambda_2 \to \lambda_1$, 由式 (7.29) 得到 negaton 解 (图 7.3).

$$z = 2\mathrm{i}\ln\frac{\mathrm{ch}2\xi_1 - 2\mathrm{i}\lambda_1\gamma}{\mathrm{ch}2\xi_1 + 2\mathrm{i}\lambda_1\gamma}$$

$$\psi_{12} = \frac{2\sqrt{2\lambda_1 e'(s)}(-4\lambda_1\gamma\mathrm{e}^{-\xi_1} + \mathrm{e}^{-\xi_1} + \mathrm{e}^{3\xi_1})}{(\mathrm{e}^{2\xi_1} + \mathrm{e}^{-2\xi_1})^2 + 16\lambda_1^2\gamma^2}$$

$$\psi_{22} = \frac{2\sqrt{2\lambda_1 e'(s)}(4\lambda_1\gamma\mathrm{e}^{\xi_1} + \mathrm{e}^{\xi_1} + \mathrm{e}^{-3\xi_1})}{(\mathrm{e}^{2\xi_1} + \mathrm{e}^{-2\xi_1})^2 + 16\lambda_1^2\gamma^2}$$

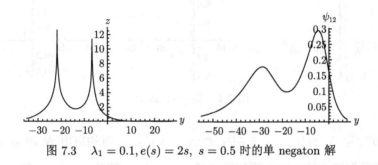

图 7.3　$\lambda_1 = 0.1, e(s) = 2s,\ s = 0.5$ 时的单 negaton 解

一般地, 利用文献 [67] 中的方法通过将 N 替换为 $2N$, 并取极限 $\lambda_{2k} \to \lambda_{2k-1}$, 则由式 (7.29) 和式 (7.32) 可得到 N 阶 negaton 解

$$\Psi^{(0)} = \left(\Psi_1, \frac{\partial \Psi_2}{\partial \lambda_2}\bigg|_{\lambda_2=\lambda_1}, \Psi_3, \frac{\partial \Psi_4}{\partial \lambda_4}\bigg|_{\lambda_4=\lambda_3}, \cdots, \Psi_{2N-1}, \frac{\partial \Psi_{2N}}{\partial \lambda_{2N}}\bigg|_{\lambda_{2N}=\lambda_{2N-1}}\right)^{\mathrm{T}}$$

$$\xi_{2k-1} = -\lambda_{2k-1}y - \frac{s}{4\lambda_{2k-1}} + c_{2k-1}$$

$$\xi_{2k} = -\lambda_{2k}y - \frac{s}{4\lambda_{2k}} + (\lambda_{2k} - \lambda_{2k-1})e_{2k}(s) + c_{2k-1} - \frac{1}{2}\mathrm{i}\pi$$

为了得到 positon 解, 取

$$\lambda_1 = \mathrm{i}\mu_1,\ \lambda_2 = \mathrm{i}\mu_2,\ c_1 = -\mathrm{i}\bar{c}_1 \tag{7.36}$$

通过类似于文献 [104] 中的计算, 可得到单 positon 解

$$z = 2\mathrm{i}\ln\frac{\cos 2\eta_1 + 2\mu_1\bar{\gamma}}{\cos 2\eta_1 - 2\mu_1\bar{\gamma}} \tag{7.37a}$$

$$\psi_{12} = \frac{\sqrt{2\mathrm{i}\mu_1 e'(s)}(-4\mathrm{i}\mu_1\bar{\gamma}\mathrm{e}^{\mathrm{i}\eta_1} + \mathrm{e}^{\mathrm{i}\eta_1} + \mathrm{e}^{-3\mathrm{i}\eta_1})}{2(\cos^2 2\eta_1 - 4\mu_1^2\bar{\gamma}^2)} \tag{7.37b}$$

$$\psi_{22} = \frac{\sqrt{2\mathrm{i}\mu_1 e'(s)}(4\mathrm{i}\mu_1\bar{\gamma}\mathrm{e}^{-\mathrm{i}\eta_1} + \mathrm{e}^{-\mathrm{i}\eta_1} + \mathrm{e}^{3\mathrm{i}\eta_1})}{2(\cos^2 2\eta_1 - 4\mu_1^2\bar{\gamma}^2)} \tag{7.37c}$$

其中, $\bar{\gamma} = y + \dfrac{s}{4\mu_1^2} - e(s)$, $\eta_1 = \mu_1 y - \dfrac{s}{4\mu_1} + \bar{c}_1$. 正如 sine-Gordon 方程的 positon 解是复的[104], 单 positon 解 (7.37) 也是复的, 当 $e(s)$ 是常数时, 它可约化为 sine-Gordon 方程的 positon 解.

图 7.4 展示了在参数 $\lambda_1 = 0.1, e(s) = s^2$, $s = 1$ 时带源形变的 sine-Gordon 方程的单 positon 解.

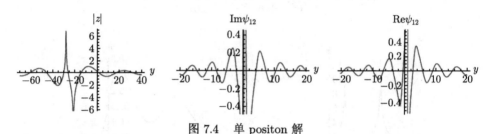

图 7.4　单 positon 解

类似地, 取 $\lambda_j = \mathrm{i}\mu_j$, $c_k = -\mathrm{i}\bar{c}_k$ 及 $\mu_{2k} \to \mu_{2k-1}$, 可构造出 N 阶 positon 解.

7.1.4　带源形变的短脉冲方程的环孤子、negaton 解及 positon 解

基于带源形变的 sine-Gordon 方程的解及倒数变换, 有下面的定理成立.

定理 7.2　假设 z 和 ψ_{ij} ($i = 1, 2$, $j = 1, 2, \cdots, N$) 是带源形变的 sine-Gordon 方程 (7.28) 的解, 则具有参数 (y, s) 表示的带源形变的短脉冲方程 (7.13) 的解为

$$u = z_s - 2\sum_{j=1}^{N}(\psi_{1j}^2 + \psi_{2j}^2) \tag{7.38a}$$

$$\varphi_{1j}(x, t) = \psi_{1j}(y, s), \quad \varphi_{2j}(x, t) = \psi_{2j}(y, s), \quad j = 1, 2, \cdots, N \tag{7.38b}$$

$$x(y, s) = \int \cos z \mathrm{d}y = y - 2(\ln f\bar{f}\,|_{\alpha_j(s)=\alpha_j})_s|_{\alpha_j=\alpha_j(s)} \tag{7.38c}$$

其中, α_j 是任意常数.

证明: 显然由式 (7.27) 可得到式 (7.38a). 下面我们证明式 (7.38c). 由倒数变换, 可得以下关于 x 的线性偏微分方程组:

$$\frac{\partial x}{\partial y} = \frac{1}{r}, \frac{\partial x}{\partial s} = -\frac{1}{2}u^2 - 2\sum_{j=1}^{N}\lambda_j^{-1}\psi_{1j}\psi_{2j}$$

利用以上两个方程的相容性可得到

$$x(y,s) = \int \frac{1}{r}\mathrm{d}y = \int \cos z\,\mathrm{d}y \qquad (7.39)$$

由式 (7.29) 和式 (7.30), 直接计算可得

$$\cos z = 1 - 2(\ln f\bar{f})_{ys} + 8\mathrm{i}\sum_{j=1}^{N}\lambda_j\left(\frac{g_j^2}{\bar{f}^2} - \frac{\bar{g}_j^2}{f^2}\right) \qquad (7.40)$$

当 f 和 g_j 由式 (7.31) 和式 (7.32) 给出, 则 $2(\ln f\bar{f})_{ys}$ 中带有 $\alpha'(s)$ 的项和项 $8\mathrm{i}\sum_{j=1}^{N}\lambda_j\left(\frac{g_j^2}{\bar{f}^2} - \frac{\bar{g}_j^2}{f^2}\right)$ 相互抵消. 于是方程 (7.40) 变为

$$\cos z = 1 - 2(\ln f\bar{f}|_{\alpha_j(s)=\alpha_j})_{ys}|_{\alpha_j=\alpha_j(s)}$$

也就是说, 为了计算关于 s 的导数, 我们把 $\alpha_j(s)$ 视为不依赖于 s 的. 将该方程代入式 (7.39) 导出式 (7.38c). $\qquad\square$

例如, 当取 $N=1$, 利用式 (7.38) 得到带源形变的短脉冲方程的环孤子

$$u_1 = \frac{2\mathrm{e}^{2\xi_1}}{\lambda_1(1+\mathrm{e}^{4\xi_1})}$$

$$\varphi_{11} = \frac{2\sqrt{\alpha_1'(s)}\mathrm{e}^{3\xi_1}}{(1+\mathrm{e}^{4\xi_1})}, \quad \varphi_{21} = \frac{-2\sqrt{\alpha_1'(s)}\mathrm{e}^{\xi_1}}{(1+\mathrm{e}^{4\xi_1})}$$

$$x(y,s) = y + \frac{2}{\lambda_1(1+\mathrm{e}^{4\xi_1})}$$

其形状及随着时间的运动见图 7.5.

在式 (7.32), 式 (7.29) 和式 (7.38) 中取 $N=2$, 得到带源形变的短脉冲方程的双环孤子

$$u_2 = \frac{2(\lambda_1^2-\lambda_2^2)[\lambda_1(1+\mathrm{e}^{4\xi_1})\mathrm{e}^{2\xi_2}(1-12\lambda_2\alpha_2'(s))-\lambda_2(1+\mathrm{e}^{4\xi_2})\mathrm{e}^{2\xi_1}(1-12\lambda_1\alpha_1'(s))]}{\lambda_1\lambda_2[(1+\mathrm{e}^{4\xi_1})(1+\mathrm{e}^{4\xi_2})(\lambda_1^2+\lambda_2^2)-2\lambda_1\lambda_2(1-\mathrm{e}^{4\xi_1}-\mathrm{e}^{4\xi_2}+4\mathrm{e}^{2(\xi_1+\xi_2)}+\mathrm{e}^{4(\xi_1+\xi_2)})]}$$
$$(7.41\mathrm{a})$$

$$\varphi_{11} = \frac{4\sqrt{(\lambda_2^2-\lambda_1^2)\alpha_1'(s)}[(1-\mathrm{e}^{4\xi_2}+2\mathrm{e}^{2(\xi_1+\xi_2)})\lambda_1-(1+\mathrm{e}^{4\xi_2})\lambda_1]\mathrm{e}^{\xi_1}}{(1+\mathrm{e}^{4\xi_1})(1+\mathrm{e}^{4\xi_2})(\lambda_1^2+\lambda_2^2)-2\lambda_1\lambda_2(1-\mathrm{e}^{4\xi_1}-\mathrm{e}^{4\xi_2}+4\mathrm{e}^{2(\xi_1+\xi_2)}+\mathrm{e}^{4(\xi_1+\xi_2)})}$$
$$(7.41\mathrm{b})$$

$$\varphi_{21} = \frac{4\sqrt{(\lambda_2^2-\lambda_1^2)\alpha_1'(s)}[(\mathrm{e}^{2\xi_2}-\mathrm{e}^{2\xi_1}+\mathrm{e}^{2\xi_1+4\xi_2})\lambda_1-\mathrm{e}^{2\xi_1}(1+\mathrm{e}^{4\xi_2})\lambda_2]\mathrm{e}^{\xi_1}}{(1+\mathrm{e}^{4\xi_1})(1+\mathrm{e}^{4\xi_2})(\lambda_1^2+\lambda_2^2)-2\lambda_1\lambda_2(1-\mathrm{e}^{4\xi_1}-\mathrm{e}^{4\xi_2}+4\mathrm{e}^{2(\xi_1+\xi_2)}+\mathrm{e}^{4(\xi_1+\xi_2)})}$$
$$(7.41\mathrm{c})$$

$$\varphi_{12}=\frac{4\sqrt{(\lambda_2^2-\lambda_1^2)\alpha_2'(s)}[(2e^{2\xi_1}-e^{2\xi_2}+e^{4\xi_1+2\xi_2})\lambda_2-e^{2\xi_2}(1+e^{4\xi_1})\lambda_1]e^{\xi_2}}{(1+e^{4\xi_1})(1+e^{4\xi_2})(\lambda_1^2+\lambda_2^2)-2\lambda_1\lambda_2(1-e^{4\xi_1}-e^{4\xi_2}+4e^{2(\xi_1+\xi_2)}+e^{4(\xi_1+\xi_2)})}$$

(7.41d)

$$\varphi_{22}=\frac{4\sqrt{(\lambda_2^2-\lambda_1^2)\alpha_2'(s)}[(1-e^{4\xi_1}+2e^{2(\xi_1+\xi_2)})\lambda_2-(1+e^{4\xi_1})\lambda_1]e^{\xi_2}}{(1+e^{4\xi_1})(1+e^{4\xi_2})(\lambda_1^2+\lambda_2^2)-2\lambda_1\lambda_2(1-e^{4\xi_1}-e^{4\xi_2}+4e^{2(\xi_1+\xi_2)}+e^{4(\xi_1+\xi_2)})}$$

(7.41e)

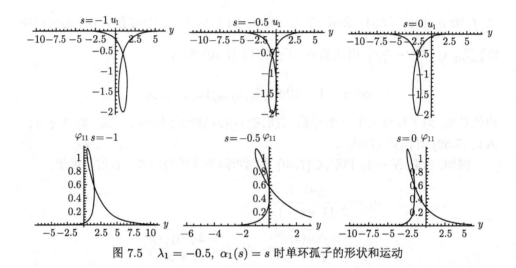

图 7.5　$\lambda_1=-0.5$, $\alpha_1(s)=s$ 时单环孤子的形状和运动

类似地, 通过式 (7.31), 式 (7.32) 和式 (7.38), 可得到带源形变的短脉冲方程的 N-环孤子. 图 7.6 展示了双环孤子的形状和相互作用, 由图 7.6 可见双环孤子的相互作用是弹性碰撞.

利用式 (7.29) 和式 (7.38), 得到带源形变的短脉冲方程的单 negaton 解

$$u=\frac{-2e^{\xi_1}[(s-4\lambda_1^2(y-e(s)))(e^{4\xi_1}-1)+2\lambda_1(1+8\lambda_1^2e'(s))(e^{4\xi_1}+1)]}{[s^2+16\lambda_1^4(y-e(s))^2+2\lambda_1^2(1-4ys)-8\lambda_1^2se(s)]e^{4\xi_1}+\lambda_1^2(e^{8\xi_1}+1)}$$

$$\varphi_{12}=\sqrt{2\lambda_1e'(s)}\frac{e^{-\xi_1}+e^{3\xi_1}-4\lambda_1\gamma e^{-\xi_1}}{2(\mathrm{ch}^22\xi_1+4\lambda_1^2\gamma^2)},\ \varphi_{22}=\sqrt{2\lambda_1e'(s)}\frac{e^{\xi_1}+e^{-3\xi_1}+4\lambda_1\gamma e^{\xi_1}}{2(\mathrm{ch}^22\xi_1+4\lambda_1^2\gamma^2)}$$

$$x(y,s)=$$

$$y-\frac{2\{[2s+32\lambda_1^4(y+e(s))e'(s)-8\lambda_1^2(y+e(s)+se'(s))]e^{-4\xi_1}+\lambda_1(e^{-8\xi_1}-1)\}}{[s^2+16\lambda_1^4(y-e(s))^2+2\lambda_1^2(1-4ys)+8se(s)]e^{-4\xi_1}+\lambda_1^2(e^{-8\xi_1}+1)}$$

对应的图像见图 7.7.

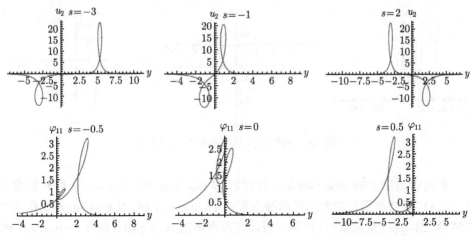

图 7.6　$\lambda_1 = -1$, $\lambda_2 = 0.5$, $\alpha_1(s) = 2s$, $\alpha_2(s) = s$ 时双环孤子的形状和相互作用

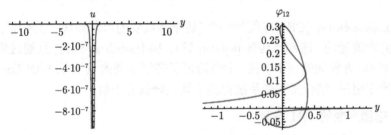

图 7.7　$\lambda_1 = 1$, $e(s) = s^3$, $s = -0.2$ 时对应的单 negaton 解

类似地, 利用式 (7.29), 式 (7.37) 和式 (7.38), 得到带源形变的短脉冲方程的单 positon 解

$$u = \frac{4\mathrm{i}[(s + 4\mu_1^2(y - e(s)))\sin 2\eta_1 - 2\mu_1(1 - 8\mu_1^2 e'(s))\cos 2\eta_1]}{s^2 + 16\mu_1^4(y + e(s))^2 - 2\mu_1^2(1 - 4sy + \cos 4\eta_1 - 4se(s))}$$

$$\varphi_{12} = \frac{\sqrt{2\mathrm{i}\mu_1 e'(s)}(-4\mathrm{i}\mu_1\bar{\gamma}\mathrm{e}^{\mathrm{i}\eta_1} + \mathrm{e}^{\eta_1} + \mathrm{e}^{-3\mathrm{i}\eta_1})}{2(\cos^2 2\eta_1 - 4\mu_1^2\bar{\gamma}^2)}$$

$$\varphi_{22} = \frac{\sqrt{2\mathrm{i}\mu_1 e'(s)}(4\mathrm{i}\mu_1\bar{\gamma}\mathrm{e}^{-\mathrm{i}\eta_1} + \mathrm{e}^{-\mathrm{i}\eta_1} + \mathrm{e}^{3\mathrm{i}\eta_1})}{2(\cos^2 2\eta_1 - 4\mu_1^2\bar{\gamma}^2)}$$

$$x(y, s) = y - \frac{4[s + 4\mu_1^2(y - e(s)) - \sin 4\eta_1]}{s^2 + 16\mu_1^4(y - e(s))^2 - 2\mu_1^2(1 - 4s(y - e(s)) + \cos 4\eta_1)}$$

对应的图像见图 7.8, 其中, $\lambda_1 = 0.1, e(s) = 2s, s = 2$.

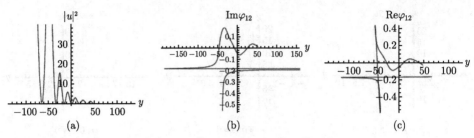

图 7.8　$|u|^2$, φ_{12} 的实部和虚部的图像

利用带源形变的 sine-Gordon 方程的 N-negaton 解, N-positon 解和倒数变换 (7.38), 可得到带源形变的短脉冲方程的 N-negaton 解, N-positon 解. 作为约化情形, 当 $e_j(s)$ 是常数时, 可得到短脉冲方程新的 N-negaton 解和 N-positon 解.

7.2　带源形变的 Camassa-Holm 方程及求解

Camassa-Holm (CH) 方程[105,106] 是非常重要的可积系统, 它描述了浅水波中的单向水波运动. 该方程具有 peakon 解和 bi-Hamilton 结构, 且通过倒数变换联系于 KdV 方程族的一个负流. 本节给出了带源形变的 CH 方程的 Lax 表示及无穷多的守恒量, 结合常数变易法得到了其尖峰孤立子解.

7.2.1　带源形变的 CH 方程

考虑 CH 方程的 Lax 表示[105]

$$\varphi_{xx} = \left(\lambda q + \frac{1}{4}\right)\varphi \tag{7.42a}$$

$$\varphi_t = \left(\frac{1}{2\lambda} - u\right)\varphi_x + \frac{1}{2}u_x\varphi \tag{7.42b}$$

从 Lax 表示的空间部分出发, 不难得到 λ 关于 q 的变分导数为

$$\frac{\delta\lambda}{\delta q} = -\lambda\varphi^2$$

CH 方程的双哈密尔顿结构为

$$q_t = -J\frac{\delta H_0}{\delta q} = -K\frac{\delta H_1}{\delta q}$$

其中

$$K = -\partial^3 + \partial, J = \partial q + q\partial$$

$$H_0 = \frac{1}{2} \int u^2 + u_x^2 \mathrm{d}x, H_1 = \frac{1}{2} \int u^3 + uu_x^2 \mathrm{d}x$$

从 CH 方程的双哈密尔顿结构出发, 可以得到带源形变的 CH 方程

$$q_t = -J\left(\frac{\delta H_0}{\delta q} - 2\sum_{j=1}^{N} \frac{\delta \lambda_j}{\delta q}\right)$$

$$= -(q\partial + \partial q)\left(u + 2\sum_{j=1}^{N} \lambda_j \varphi_j^2\right)$$

$$= -2qu_x - uq_x + \sum_{j=1}^{N}(-8\lambda_j q\varphi_j\varphi_{jx} - 2\lambda_j q_x \varphi_j^2) \qquad (7.43a)$$

$$\varphi_{j,xx} = \left(\lambda_j q + \frac{1}{4}\right)\varphi_j, \quad j = 1, \cdots, N \qquad (7.43b)$$

式 (7.43) 等价于如下的形式:

$$q_t = -2qu_x - uq_x + \sum_{j=1}^{N}[(\varphi_j^2)_x - (\varphi_j^2)_{xxx}] \qquad (7.44a)$$

$$\varphi_{j,xx} = \left(\lambda_j q + \frac{1}{4}\right)\varphi_j, \quad j = 1, \cdots, N \qquad (7.44b)$$

7.2.2 Lax 表示及无穷守恒律

从 CH 方程的 Lax 表示出发, 假定带源形变的 CH 方程的 Lax 对具有如下的形式:

$$\varphi_{xx} = \left(\lambda q + \frac{1}{4}\right)\varphi \qquad (7.45a)$$

$$\varphi_t = -\frac{1}{2}B_x\varphi + B\varphi_x \qquad (7.45b)$$

$$B = \frac{1}{2\lambda} - u + \sum_{j=1}^{N} \frac{\alpha_j f(\varphi_j)}{\lambda - \lambda_j} + \sum_{j=1}^{N} \beta_j f(\varphi_j) \qquad (7.45c)$$

其中, $f(\varphi_j)$ 是 φ_j 及其各阶导数的函数. 由 Lax 表示的相容性条件可以得到

$$\lambda q_t = LB + \lambda(2B_x q + Bq_x)$$

其中, $L = -\dfrac{1}{2}\partial^3 + \dfrac{1}{2}\partial$. 将该式展开可得

$$\lambda q_t = -\frac{1}{2}\sum_{j=1}^{N}\frac{\alpha_j}{\lambda-\lambda_j}\left[f'''\varphi_{jx}^3 + 3\left(f''\varphi_j - f'\right)\left(\lambda_j q + \frac{1}{4}\right)\varphi_{jx} + \lambda_j q_x(f'\varphi_j - 2f)\right]$$

$$+ \left[-2qu_x - uq_x + \sum_{j=1}^{N}\beta_j(2q\varphi_{jx}f' + q_x f)\right]\lambda$$

$$-\frac{1}{2}\sum_{j=1}^{N}\beta_j\left[f'''\varphi_{jx}^2 + (3f''\varphi_j + f')\left(\lambda_j q + \frac{1}{4}\right)\varphi_{jx} + \lambda_j f' q_x\varphi_j - f'\varphi_j\right]$$

$$+ \sum_{j=1}^{N}\alpha_j(q_x f + 2qf'\varphi_{jx}) \tag{7.46}$$

其中, f' 表示函数 f 关于 φ_j 的导数. 为了确定 f, α_j 和 β_j, 分别比较 $\dfrac{1}{\lambda-\lambda_j}$, λ 和 λ^0 的系数. 首先考虑 $\dfrac{1}{\lambda-\lambda_j}$ 的系数, 则

$$f''' = 0, \quad f''\varphi_j - f' = 0, \quad f'\varphi_j - 2f = 0$$

所以 $f = b\varphi_j^2$. 将 $f = b\varphi_j^2$ 代入 λ 的系数的关系式中可得到

$$q_t = -2qu_x - uq_x + 4q\sum_{j=1}^{N}\beta_j b\varphi_j\varphi_{jx} + q_x\sum_{j=1}^{N}\beta_j b\varphi_j^2$$

通过比较系数得到

$$b = -2, \quad \beta_j = \lambda_j$$

将 $f = -2\varphi_j^2$ 和 $\beta_j = \lambda_j$ 代入 λ^0 的系数的关系式有

$$\alpha_j = \lambda_j^2$$

这样就得到了带源形变的 CH 方程的 Lax 表示

$$\varphi_{xx} = \left(\frac{1}{4} + \lambda q\right)\varphi \tag{7.47a}$$

$$\varphi_t = \frac{u_x}{2}\varphi + \left(\frac{1}{2\lambda} - u\right)\varphi_x + 2\sum_{j=1}^{N}\frac{\lambda\lambda_j\varphi_j}{\lambda-\lambda_j}(\varphi_{jx}\varphi - \varphi_j\varphi_x) \tag{7.47b}$$

这说明带源形变的 CH 方程是 Lax 可积的.

利用带源形变的 CH 方程的 Lax 表示, 可以给出带源形变的 CH 方程的无穷多守恒律. 假设 q, u, φ_j 及它们的各阶导数在 $|x| \to \infty$ 时都趋向于零. 令

$$\Gamma = \frac{\varphi_x}{\varphi}$$

由关系式

$$\frac{\partial}{\partial t}\left(\frac{\partial \ln \varphi}{\partial x}\right) = \frac{\partial}{\partial x}\left(\frac{\partial \ln \varphi}{\partial t}\right)$$

知道带源形变的 CH 方程具有如下的守恒律:

$$\frac{\partial}{\partial t}(\Gamma) = \frac{\partial}{\partial x}\left(\frac{\varphi_t}{\varphi}\right) = \frac{\partial}{\partial x}\left(\frac{1}{2}u_x + 2\sum_{j=1}^{N}\frac{\lambda\lambda_j}{\lambda - \lambda_j}\varphi_j\varphi_{jx}\right.$$

$$\left. + \left(\left(\frac{1}{2\lambda} - u\right) - 2\sum_{j=1}^{N}\frac{\lambda\lambda_j}{\lambda - \lambda_j}\varphi_j^2\right)\Gamma\right) \qquad (7.48)$$

由式 (7.47a), 可得

$$\Gamma_x = \frac{1}{4} + q\lambda - \Gamma^2$$

令

$$\Gamma = \sum_{m=0}^{\infty}\mu_m\lambda^{\frac{1-m}{2}}$$

其中, μ_m 是守恒密度. 记

$$\frac{1}{2}u_x + 2\sum_{j=1}^{N}\frac{\lambda\lambda_j}{\lambda - \lambda_j}\varphi_j\varphi_{jx} + \left(\left(\frac{1}{2\lambda} - u\right) - 2\sum_{j=1}^{N}\frac{\lambda\lambda_j}{\lambda - \lambda_j}\varphi_j^2\right)\Gamma = \sum_{m=0}^{\infty}F_m\lambda^{\frac{1-m}{2}}$$

守恒密度 μ_m 和守恒律的流 F_m 满足下面的递推公式:

$$\mu_0 = \sqrt{q}, \ \mu_1 = -\frac{1}{4}\frac{q_x}{q}$$

$$\mu_2 = \frac{1}{32}\left(\frac{4}{\sqrt{q}} + \frac{q_x^2}{q^{5/2}} - \left(\frac{4q_x}{q^{3/2}}\right)_x\right)$$

$$\mu_m = \frac{-\mu_{m-1,x} - \sum_{i=1}^{m-1}\mu_i\mu_{m-1-i}}{2\mu_0}, \quad m \geqslant 3$$

$$F_0 = \left(-u - 2\sum_{j=1}^{N} \lambda_j \varphi_j^2 \right)\sqrt{q}$$

$$F_1 = \left(u + 2\sum_{j=1}^{N} \lambda_j \varphi_j^2 \right)\frac{q_x}{4q} + \frac{1}{2}u_x + 2\sum_{j=1}^{N} \lambda_j \varphi_j \varphi_{jx}$$

$$F_{2m} = \sum_{i=0}^{m} \left(-u^{(i)} - 2\sum_{j=1}^{N} \lambda_j^{i+1} \varphi_j^2 \right)\mu_{2m-2i}, \quad m \geqslant 1$$

$$F_{2m+1} = \sum_{i=0}^{m} \left(u^{(i)} + 2\sum_{j=1}^{N} \lambda_j^{i+1} \varphi_j^2 \right)\mu_{2m-2i+1} + 2\sum_{j=1}^{N} \lambda_j^{m+1} \varphi_j \varphi_{jx}$$

其中, $u^{(0)} = u$, $u^{(1)} = 1$, $u^{(i)} = 0$, $i > 1$. 经过计算可以得到前三个由 μ_0, μ_2 和 μ_4 给出的守恒量

$$H_{-1} = \int \sqrt{q}\,\mathrm{d}x \tag{7.49a}$$

$$H_{-2} = -\frac{1}{16}\int \left(\frac{4}{\sqrt{q}} + \frac{q_x^2}{q^{5/2}} \right)\mathrm{d}x \tag{7.49b}$$

$$H_{-3} = -\int \left(\frac{1}{32q^{3/2}} + \frac{5q_x^2}{64q^{7/2}} + \frac{q_{xx}^2}{32q^{7/2}} - \frac{35q_x^4}{512q^{11/2}} \right)\mathrm{d}x \tag{7.49c}$$

其相对应的守恒律的流为

$$G_{-1} = \left(-u - 2\sum_{j=1}^{N} \lambda_j \varphi_j^2 \right)\sqrt{q} \tag{7.50a}$$

$$G_{-2} = \left(1 + 2\sum_{j=1}^{N} \lambda_j^2 \varphi_j^2 \right)\sqrt{q}$$

$$+ (u + 2\sum_{j=1}^{N} \lambda_j \varphi_j^2)\left(\frac{1}{16}\left(\frac{4}{\sqrt{q}} + \frac{q_x^2}{q^{5/2}} \right) - \left(\frac{q_x}{4q^{3/2}} \right)_x \right) \tag{7.50b}$$

$$G_{-3} = \left(-u - 2\sum_{j=1}^{N} \lambda_j \varphi_j^2 \right)\left(\frac{1}{32q^{3/2}} + \frac{5q_x^2}{64q^{7/2}} + \frac{q_{xx}^2}{32q^{7/2}} - \frac{35q_x^4}{512q^{11/2}} \right)$$

$$+ \frac{1}{16}\left(1 + 2\sum_{j=1}^{N} \lambda_j^2 \varphi_j^2 \right)\left(\frac{4}{\sqrt{q}} + \frac{q_x^2}{q^{5/2}} \right) + 2\sum_{j=1}^{N} \lambda_j^3 \varphi_j^2 \sqrt{q} \tag{7.50c}$$

由于带源形变的 CH 方程的 Lax 表示的空间部分和 CH 方程的 Lax 表示的空间

部分是一致的[107], 这两者的守恒密度也保持一致, 但是由于它们的 Lax 表示的时间部分不同, 相应的 CH 方程和带源形变的 CH 方程的守恒律的流并不相同.

7.2.3 Peakon 解

当 $\omega \to 0$ 时, CH 方程有 peakon 解[105]

$$u = ce^{-|x-ct+\alpha|} \tag{7.51}$$

其中, α 是一个任意的常数, 相应的特征函数为

$$\varphi = \beta e^{-\frac{1}{2}|x-ct+\alpha|} \tag{7.52}$$

其中, β 是一个任意的常数.

由于带源形变的 CH 方程可以看作 CH 方程添加了非齐次项, 可以利用常数变易法来得到带源形变的 CH 方程的 peakon 解. 令式 (7.51) 和式 (7.52) 中的 α 和 β 为依赖于时间的函数 $\alpha(t)$ 和 $\beta(t)$, 而且令

$$u = ce^{-|x-ct+\alpha(t)|} \tag{7.53a}$$

$$\varphi = \beta(t)e^{-\frac{1}{2}|x-ct+\alpha(t)|} \tag{7.53b}$$

满足带源形变的 CH 方程, 其中 $N = 1$. 可以发现 $c = \dfrac{1}{\lambda}$, $\alpha(t)$ 为 t 的任意函数而且 $\beta(t) = \sqrt{\alpha'(t)c}$. 所以我们得到了带一个自相容源的 CH 方程的 1-peakon 解, 其中 $N = 1$, $\lambda_1 = \lambda = \dfrac{1}{c}$.

$$u = ce^{-|x-ct+\alpha(t)|} \tag{7.54a}$$

$$\varphi = \sqrt{\alpha'(t)c}\,e^{-\frac{1}{2}|x-ct+\alpha(t)|} \tag{7.54b}$$

带源形变的 CH 方程的 1-peakon 解在 $x = ct - \alpha(t)$ 存在一个导数不连续的点. CH 方程的 1-peakon 解的速度为 c, 导数不连续点的高度也为 c, 但对于带源形变的 CH 方程的 1-peakon 解, 它的速度仍然为 c, 但是波的高度并不是常数.

7.2.4 倒数变换和求解公式

令 $r = \sqrt{q}$, 对 CH 方程的变量 x 和 t 作倒数变换

$$dy = rdx - urdt, \ ds = dt$$

记 $f = r^{-\frac{1}{2}}\phi$, 则 CH 方程的 Lax 对变为

$$\phi_{yy} = \left(\lambda + Q + \frac{1}{4\omega}\right)\phi \tag{7.55a}$$

$$\phi_s = \frac{1}{2\lambda}\left(r\phi_y - \frac{1}{2}r_y\phi\right) \tag{7.55b}$$

其中

$$Q = -\frac{1}{4}\left(\frac{r_y}{r}\right)^2 + \frac{r_{yy}}{2r} + \frac{1}{4r^2} - \frac{1}{4\omega}$$

式 (7.55) 的相容性条件给出了如下的关联的 CH 方程 (ACH 方程)[108]:

$$Q_s = r_y - \frac{1}{4\omega}r_y + \frac{1}{4}r_{yyy} - \frac{1}{2}Q_y r - Qr_y = 0 \tag{7.56a}$$

接下来考虑带源形变的 CH 方程的倒数变换. 首先有

$$r_t = -(ru)_x - 2\sum_{j=1}^{N}\lambda_j(r\varphi_j^2)_x$$

这说明 1-形式

$$\omega = r\mathrm{d}x - \left(ru + 2\sum_{j=1}^{N}\lambda_j r\varphi_j^2\right)\mathrm{d}t$$

是闭的, 所以可以定义倒数变换 $(x,t) \to (y,s)$

$$\mathrm{d}y = r\mathrm{d}x - \left(ru + 2\sum_{j=1}^{N}\lambda_j r\varphi_j^2\right)\mathrm{d}t, \ \mathrm{d}s = \mathrm{d}t$$

而且有

$$\frac{\partial}{\partial x} = r\frac{\partial}{\partial y}, \ \frac{\partial}{\partial t} = \frac{\partial}{\partial s} - \left(ru + 2\sum_{j=1}^{N}\lambda_j r\varphi_j^2\right)\frac{\partial}{\partial y}$$

记 $\varphi = r^{-\frac{1}{2}}\psi$, $\varphi_j = r^{-\frac{1}{2}}\psi_j$, 带源形变的 CH 方程的 Lax 表示变换为

$$\psi_{yy} = \left(\lambda + Q + \frac{1}{4\omega}\right)\psi, \tag{7.57a}$$

$$\psi_s = \frac{1}{2\lambda}\left(r\psi_y - \frac{1}{2}r_y\psi\right) + 2\sum_{j=1}^{N}\frac{\lambda_j^2\psi_j}{\lambda - \lambda_j}(\psi_{jy}\psi - \psi_j\psi_y) \tag{7.57b}$$

式 (7.57) 的相容性条件给出了带源的关联的 CH 方程

$$Q_s = r_y - 8\sum_{j=1}^{N}\lambda_j^2\psi_j\psi_{jy} \tag{7.58a}$$

$$-\frac{1}{4\omega}r_y + \frac{1}{4}r_{yyy} - \frac{1}{2}Q_y r - Q r_y = 0 \tag{7.58b}$$

$$\psi_{jyy} = \left(\lambda_j + Q + \frac{1}{4\omega}\right)\psi_j, \ j = 1, 2, \cdots, N \tag{7.58c}$$

方程 (7.58) 可以看作方程 (7.56) 的带源推广, 为了得到带源形变的 CH 方程的解, 还需要找到变量 (y, s) 和变量 (x, t) 的关系. 由倒数变换可以得到

$$\frac{\partial x}{\partial y} = \frac{1}{r}, \frac{\partial x}{\partial s} = u + 2\sum_{j=1}^{N}\lambda_j\varphi_j^2$$

由上述方程的相容性条件有

$$x(y, s) = \int \frac{1}{r}\mathrm{d}y$$

带源形变的 CH 方程用变量 (y, s) 表示的解可以写为

$$q = r^2(y, s), \ \varphi_j(y, s) = \frac{\psi_j}{\sqrt{r}} \tag{7.59a}$$

$$u(y, s) = r^2 - r_{ys} + \frac{r_y r_s}{r} - 2rr_y\sum_{j=1}^{N}\lambda_j(\varphi_j^2)_y - 2r^2\sum_{j=1}^{N}\lambda_j(\varphi_j^2)_{yy} - \omega \tag{7.59b}$$

$$x(y, s) = \int \frac{1}{r}\mathrm{d}y \tag{7.59c}$$

$Q = 0$, $r = \sqrt{\omega}$ 是方程 (7.56) 的解. 令函数 $\phi_0(y, s, \lambda)$, $\Psi_1(y, s, \lambda_1)$, $\cdots$, $\Psi_n(y, s, \lambda_n)$ 为方程 (7.55) 对应于 $Q = 0$, $r = \sqrt{\omega}$, $\lambda = \lambda_1, \cdots, \lambda_n$ 的解. 定义如下的两个 Wronskian 行列式:

$$W_1 = W(\Psi_1, \cdots, \Psi_1^{(m_1)}, \Psi_2, \cdots, \Psi_2^{(m_2)}, \cdots, \Psi_n, \cdots, \Psi_n^{(m_n)}) \tag{7.60a}$$

$$W_2 = W(\Psi_1, \cdots, \Psi_1^{(m_1)}, \Psi_2, \cdots, \Psi_2^{(m_2)}, \cdots, \Psi_n, \cdots, \Psi_n^{(m_n)}, \phi_0) \tag{7.60b}$$

其中, $m_i \geqslant 0$ 为给定的常数, $\Psi_j^{(i)} = \left.\dfrac{\partial^i \Psi_j(y, s, \lambda)}{\partial\lambda^i}\right|_{\lambda=\lambda_j}$. 根据针对 KdV 方程族的推广的达布变换, 可以定义如下的推广的达布变换:

$$Q(y, s) = -2\frac{\partial^2}{\partial y^2}\log W_1 \tag{7.61a}$$

$$r(y, s) = \sqrt{\omega} - 2\frac{\partial^2}{\partial y\partial s}\log W_1 \tag{7.61b}$$

$$\phi(y,s,\lambda) = \frac{W_2}{W_1} \tag{7.61c}$$

其中, $Q(y,s)$, $r(y,s)$ 和 $\phi(y,s,\lambda)$ 满足式 (7.55) 和式 (7.56).

令 Ψ_i 和 Φ_i 为方程 (7.55) 对应于 $Q=0$, $r=\sqrt{\omega}$ 和 $\lambda_i = k_i^2 - \frac{1}{4\omega} < 0$, 或者 $4\omega k_i^2 - 1 < 0$ $(0 < k_1 < k_2 < \cdots < k_n)$ 的解

$$\Psi_i = \cosh\xi_i, i = 2k+1$$

$$\Psi_i = \sinh\xi_i, \ i = 2k$$

$$\Phi_i = \mathrm{e}^{\xi_i}$$

其中

$$\xi_i = k_i\left[y + \frac{2\omega^{3/2}s}{4\omega k_i^2 - 1} + \alpha_i\right] \tag{7.62}$$

利用达布变换 (7.61a), 其中 $m_1 = \cdots = m_n = 0$, 则 N-孤立子解 $Q(y,s)$ 和 $r(y,s)$ 及相对应的特征函数 $\phi_i(y,s,\lambda_i)$ $\left(\text{其中 } \lambda_i = k_i^2 - \frac{1}{4\omega}\right)$ 由如下公式给出:

$$Q(y,s) = -2[\log W(\Psi_1, \Psi_2, \cdots, \Psi_n)]_{yy} \tag{7.63a}$$

$$r(y,s) = \sqrt{\omega} - 2[\log W(\Psi_1, \Psi_2, \cdots, \Psi_n)]_{ys} \tag{7.63b}$$

$$\phi_i(y,s,\lambda_i) = \frac{W(\Psi_1, \Psi_2, \cdots, \Psi_n, \Phi_i)}{W(\Psi_1, \Psi_2, \cdots, \Psi_n)} \tag{7.63c}$$

当 $n=1$ 且 $4k_1^2\omega - 1 < 0$ 时, 可以得到单孤立子解及其对应的特征函数

$$Q(y,s) = -2k_1^2\mathrm{sech}^2\xi_1 \tag{7.64a}$$

$$r(y,s) = \sqrt{\omega} - \frac{4k_1^2\omega^{\frac{3}{2}}\mathrm{sech}^2\xi_1}{4k_1^2\omega - 1} \tag{7.64b}$$

$$\phi_1 = k_1\mathrm{sech}\xi_1 \tag{7.64c}$$

由于式 (7.58) 可以看作是式 (7.56) 添加了非齐次项, 而且 ϕ_1 是式 (7.55) 当 $\lambda = \lambda_1$ 时的解, 可以由关联的 CH 方程的解及其特征函数的表达式出发, 通过常数变易法可得到带源形变的 CH 方程的解. 将 ξ_1 中的 α_1 变为依赖于时间的函数 $\alpha_1(s)$ 并且令

$$\bar{Q}(y,s) = -2k_1^2\mathrm{sech}^2\bar{\xi}_1 \tag{7.65a}$$

$$\bar{r}(y,s) = \sqrt{\omega} - \frac{4k_1^2\omega^{\frac{3}{2}}\mathrm{sech}^2\bar{\xi}_1}{4k_1^2\omega - 1} \tag{7.65b}$$

$$\bar{\psi}_1 = \beta_1(s)k_1\mathrm{sech}\bar{\xi}_1 \tag{7.65c}$$

满足带源的关联的 CH 方程 (7.58). 然后记

$$\bar{\xi}_i = k_i\left[y + \frac{2\omega^{3/2}s}{4\omega k_i^2 - 1} + \alpha_i(s)\right]$$

可以发现 $\alpha_1(s)$ 可以是任意给定的 s 的函数, 而且

$$\beta_1(s) = \frac{2\omega}{1 - 4k_1^2\omega}\sqrt{2\alpha_1'(s)}$$

这样一来, 就得到了 $N = 1$, $\lambda_1 = k_1^2 - \dfrac{1}{4\omega} < 0$ 时的带源形变的 CH 方程的单孤立子解的表达式

$$q(y,s) = \omega\left(1 - \frac{4k_1^2\omega\mathrm{sech}^2\bar{\xi}_1}{4k_1^2\omega - 1}\right)^2 \tag{7.66a}$$

$$u(y,s) = \frac{8k_1^2\omega^2\mathrm{sech}^2\bar{\xi}_1}{(1 - 4k_1^2\omega)(1 - 4k_1^2\omega + 4k_1^2\omega\mathrm{sech}^2\bar{\xi}_1)} \tag{7.66b}$$

$$\varphi_1(y,s) = \frac{2\sqrt{2\alpha_1'(s)}k_1\omega\mathrm{sech}\bar{\xi}_1}{\sqrt{\sqrt{\omega}(1 - 4k_1^2\omega)(1 - 4k_1^2\omega + 4k_1^2\omega\mathrm{sech}^2\bar{\xi}_1)}} \tag{7.66c}$$

$$x(y,s) = \frac{y}{\sqrt{\omega}} - 2\ln\frac{1 - 2k_1\sqrt{\omega}\tanh\bar{\xi}_1}{1 + 2k_1\sqrt{\omega}\tanh\bar{\xi}_1} \tag{7.66d}$$

条件 $4k_1^2\omega - 1 < 0$ 保证了解的非奇异性.

在图 7.9 中, 给出了单孤立子解 u 和 φ_1 的图像, 其中 $w = 0.01$, $k_1 = 1$, $\alpha_1(s) = 4s, s = 2$.

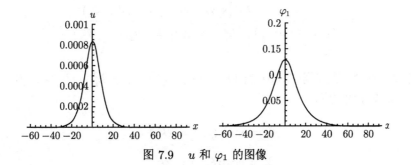

图 7.9　u 和 φ_1 的图像

当 $n = 2$, $\lambda_1 = k_1^2 - \dfrac{1}{4\omega} < 0$, $\lambda_2 = k_2^2 - \dfrac{1}{4\omega} < 0$ 时, 有

$$\Psi_1 = \cosh \xi_1, \quad \Psi_2 = \sinh \xi_2 \tag{7.67a}$$

$$\Phi_1 = \mathrm{e}^{\xi_1}, \quad \Phi_2 = \mathrm{e}^{\xi_2} \tag{7.67b}$$

$$W_1(\Psi_1, \Psi_2) = k_2 \cosh \xi_2 \cosh \xi_1 - k_1 \sinh \xi_2 \sinh \xi_1 \tag{7.67c}$$

$$W_2(\Psi_1, \Psi_2, \Phi_1) = k_2(k_2^2 - k_1^2) \sinh \xi_1 \tag{7.67d}$$

$$W_2(\Psi_1, \Psi_2, \Phi_2) = k_1(k_1^2 - k_2^2) \cosh \xi_2 \tag{7.67e}$$

当 $n = 2$ 时, 式 (7.63) 给出了孤立子解和其对应的特征函数的表达式. 与求单孤立子解类似, 通过常数变易法可以得到带源的关联的 CH 方程的 二 孤子解, 再通过倒数变换的逆变换, 得到带源形变的 CH 方程的二孤子解, 其中 $N = 2$, $\lambda_1 = k_1^2 - \dfrac{1}{4\omega}$, $\lambda_2 = k_2^2 - \dfrac{1}{4\omega}$.

$$r(y, s) = \sqrt{\omega} - 2[\log W_1(\Psi_1, \Psi_2)]_{ys}|_{\xi_i = \bar{\xi}_i}$$

$$\psi_i = \left. \frac{2\omega \sqrt{(-1)^{i+1} 2\alpha_i'(s)} W_2(\Psi_1, \Psi_2, \Phi_i)}{(1 - 4k_i^2 \omega) \sqrt{\prod\limits_{j \neq i} (k_j^2 - k_i^2)} W_1(\Psi_1, \Psi_2)} \right|_{\xi_i = \bar{\xi}_i}, \quad i = 1, 2$$

图 7.10 展示了当 $w = 0.01$, $k_1 = 2$, $k_2 = 1$, $\alpha_1(s) = 2s$, $\alpha_2(s) = 4s$ 时二孤子解的弹性碰撞的过程.

注意到带源形变的 CH 方程中有含任意时间的函数 $\alpha_j(s)$. 这表明在 CH 方程中添加源可以使孤立子的速度发生改变. 类似地, 可以得到 N-孤子解的表达式为

$$r(y, s) = \sqrt{\omega} - 2[\log W_1(\Psi_1, \Psi_2, \cdots, \Psi_N)]_{ys}|_{\xi_i = \bar{\xi}_i}$$

$$\psi_i = \left. \frac{2\omega \sqrt{(-1)^{i+1} 2\alpha_i'(s)} W_2(\Psi_1, \Psi_2, \cdots, \Psi_N, \Phi_i)}{(1 - 4k_i^2 \omega) \sqrt{\prod\limits_{j \neq i} (k_j^2 - k_i^2)} W_1(\Psi_1, \Psi_2, \cdots, \Psi_N)} \right|_{\xi_i = \bar{\xi}_i}$$

令 Ψ_i 和 Φ_i 是方程 (7.55) 当 $Q = 0, r = \sqrt{\omega}$, $\lambda_i = k_i^2 - \dfrac{1}{4\omega} > 0$ $(0 < k_1 < k_2 < \cdots < k_n)$ 时的解

$$\Psi_i = \sinh \xi_i, \quad i = 2k + 1$$

$$\Psi_i = \cosh \xi_i, \quad i = 2k$$

$$\Phi_i = e^{\xi_i}$$

其中, ξ_i 由式 (7.62) 给出.

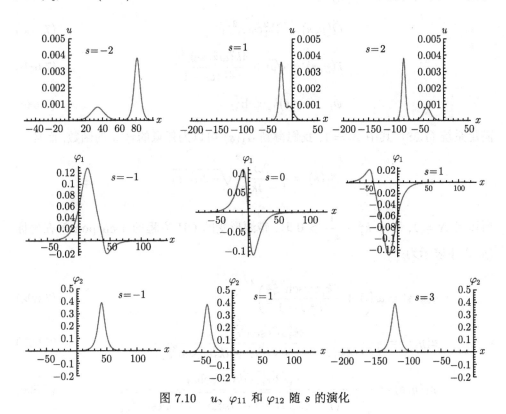

图 7.10 u、φ_{11} 和 φ_{12} 随 s 的演化

关联的 CH 方程 (7.56) 的 n-cuspon 解 $Q(y,s)$ 和 $r(y,s)$, 以及其对应的特征函数 $\phi_i(y, s, \lambda_i)$ $\left(\lambda_i = k_i^2 - \dfrac{1}{4\omega}\right)$ 可以由达布变换公式 (7.63) 给出.

当 $n = 1$, $4k_1^2\omega - 1 > 0$ 时, 式 (7.63) 给出了方程 (7.56) 的 1-cuspon 解和对应于 $\lambda_1 = k_1^2 - \dfrac{1}{4\omega}$ 时的特征函数

$$Q(y,s) = 2k_1^2 \mathrm{csch}^2\xi_1$$

$$r(y,s) = \sqrt{\omega} + \frac{4k_1^2\omega^{\frac{3}{2}}\mathrm{csch}^2\xi_1}{4k_1^2\omega - 1}$$

$$\phi_1 = -k_1\mathrm{csch}\xi_1$$

类似地, 从关联的 CH 方程的 cuspon 解出发, 利用常数变易法, 可以得到带源的关联的 CH 方程的解和其对应的特征函数的表达式. 将式 (7.62) 中的 α_1 变为依赖于时间的函数 $\alpha_1(s)$, 令

$$\bar{Q}(y,s) = 2k_1^2\text{csch}^2\bar{\xi}_1 \tag{7.68a}$$

$$\bar{r}(y,s) = \sqrt{\omega} + \frac{4k_1^2\omega^{\frac{3}{2}}\text{csch}^2\bar{\xi}_1}{4k_1^2\omega - 1} \tag{7.68b}$$

$$\bar{\psi}_1 = \beta_1(s)k_1\text{csch}\bar{\xi}_1 \tag{7.68c}$$

满足系统 (7.58), 其中 $N = 1$, 我们得到 $\alpha_1(s)$ 可以为任意的含 s 的函数, 而且

$$\beta_1(s) = \frac{2\omega}{1 - 4k_1^2\omega}\sqrt{-2\alpha_1'(s)}$$

所以当 $N = 1$, $\lambda_1 = k_1^2 - \dfrac{1}{4\omega} > 0$ 时, 带源形变的 CH 方程的 1-cuspon 解在坐标 (y, s) 下表示为

$$q(y,s) = \omega\left(1 + \frac{4k_1^2\omega\text{csch}^2\bar{\xi}_1}{4k_1^2\omega - 1}\right)^2 \tag{7.69a}$$

$$u(y,s) = \frac{8k_1^2\omega^2\text{csch}^2\bar{\xi}_1}{(1 - 4k_1^2\omega)(-1 + 4k_1^2\omega + 4k_1^2\omega\text{csch}^2\bar{\xi}_1)} \tag{7.69b}$$

$$\varphi_1(y,s) = \frac{2\sqrt{2\alpha_1'(s)}k_1\omega\text{csch}\bar{\xi}_1}{\sqrt{\sqrt{\omega}(1 - 4k_1^2\omega)(-1 + 4k_1^2\omega + 4k_1^2\omega\text{csch}^2\bar{\xi}_1)}} \tag{7.69c}$$

$$x(y,s) = \frac{y}{\sqrt{\omega}} + 2\ln\frac{1 - 2k_1\sqrt{\omega}\coth\bar{\xi}_1}{1 + 2k_1\sqrt{\omega}\coth\bar{\xi}_1} \tag{7.69d}$$

图 7.11 给出了 1-cuspon 的图像.

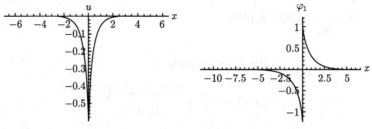

图 7.11　$w = 1$, $k_1 = 1$, $\alpha_1(s) = -2s, s = 2$ 时, u 和 φ_1 的图像

类似地, 利用达布变换及常数变易法可以得到当 $\lambda_i = k_i^2 - \dfrac{1}{4\omega} < 0, i = 1, \cdots, N$ 时带源 CH 方程的 N-cuspon 解

$$r(y,s) = \sqrt{\omega} - 2[\log W_1(\Psi_1, \Psi_2, \cdots, \Psi_N)]_{ys}|_{\xi_i=\bar{\xi}_i} \tag{7.70a}$$

$$\psi_i = \dfrac{2\omega\sqrt{(-1)^{i+1}2\alpha_i'(s)}W_2(\Psi_1, \Psi_2, \cdots, \Psi_N, \Phi_i)}{(1-4k_i^2\omega)\sqrt{\prod\limits_{j\neq i}(k_j^2-k_i^2)}W_1(\Psi_1, \Psi_2, \cdots, \Psi_N)}\Bigg|_{\xi_i=\bar{\xi}_i} \tag{7.70b}$$

进一步, 利用达布变换公式 (7.63) 可以得到当 $N = k_1 + k_2$, $\lambda_i = k_i^2 - \dfrac{1}{4\omega} > 0$, $i = 1, \cdots, k_1$ 和 $\lambda_i = k_i^2 - \dfrac{1}{4\omega} < 0, i = k_1+1, \cdots, k_1+k_2$ 时带源 CH 方程的混合的 k_1-soliton-k_2-cuspon 解.

令 $\lambda = -k^2 - \dfrac{1}{4\omega}$, $\lambda_i = -k_i^2 - \dfrac{1}{4\omega}, i = 1, \cdots, N$

$$\Psi_i = \sin\xi_i, \ \Phi_i = \cos\xi_i, i = 2k+1$$

$$\Psi_i = \cos\xi_i, \ \Phi_i = \sin\xi_i, \ i = 2k$$

其中

$$\xi = k\left(y - \dfrac{2\omega^{3/2}s}{4k^2\omega+1}\right) + \sum_{i=1}^{N}\prod_{j=1}^{N}(k-k_j)^2\dfrac{\alpha_i}{k-k_i}, \ \xi_i = \xi|_{k=k_i}$$

当 $N = 1$ 时, 有

$$\Psi_1 = \sin\xi_1, \quad \Psi_1^{(1)} = \gamma_1\cos\xi_1$$

$$\xi_1 = k_1\left(y - \dfrac{\sqrt{\omega}s}{2\left(k_1^2 + \dfrac{1}{4\omega}\right)}\right)$$

$$\gamma_1 = \dfrac{\partial\xi}{\partial k}\bigg|_{k=k_1} = \alpha_1 + y + \dfrac{16k_1^2\omega^{5/2}s}{(1+4k_1^2\omega)^2} - \dfrac{2\omega^{3/2}s}{1+4k_1^2\omega}$$

而且

$$W_1(\Psi_1, \Psi_1^{(1)}) = -k_1\gamma_1 + \dfrac{1}{2}\sin 2\xi_1$$

$$W_2(\Psi_1, \Psi_1^{(1)}, \Phi_1) = -2k_1^2\sin\xi_1$$

则可以得到当 $N = 1, m_1 = 1$ 时关联的 CH 方程的 1-positon 解及其对应的特征函数

$$Q(y,s) = -2[\log W_1]_{yy}$$

$$r(y,s) = \sqrt{\omega} - 2[\log W_1]_{ys}$$

$$\psi_1(y,s,\lambda_1) = \beta_1 \frac{W_2}{W_1}$$

其中, α_1 和 β_1 是任意的常数. 将 α_1 和 β_1 分别变为 $\alpha_1(s)$ 和 $\beta_1(s)$, 利用常数变易法, 可得到当 $N = 1, \lambda_1 = -k_1^2 - \dfrac{1}{4\omega}$ 时带源的关联的 CH 方程的 1-positon 解的表达式为

$$\bar{r}(y,s) = \sqrt{\omega} - 2[\log W_1]_{ys}|_{\gamma_1 = \bar{\gamma}_1}$$

$$\bar{\psi}_1(y,s) = \frac{2\omega\sqrt{-\alpha_1'(s)}}{k_1(1+4k_1^2\omega)} \frac{W_2}{W_1}\bigg|_{\gamma_1 = \bar{\gamma}_1}$$

$$\bar{\gamma}_1 = \alpha_1(s) + y + \frac{16k_1^2\omega^{5/2}s}{(1+4k_1^2\omega)^2} - \frac{2\omega^{3/2}s}{1+4k_1^2\omega}$$

其中, $\alpha_1(s)$ 为任意的含 s 的函数. Positon 解是一种大范围缓慢震荡衰减的解, 而且存在奇异性.

类似地, 可以给出带源形变的 CH 方程的 N-positon 的表达式. 对于 N 的情况, 有

$$\Psi_i^{(1)} = \gamma_i \cos \xi_i, \ i = 2k+1$$

$$\Psi_i^{(1)} = -\gamma_i \sin \xi_i, \ i = 2k$$

其中

$$\gamma_i = \frac{\partial \xi}{\partial k}\bigg|_{k=k_i} = \prod_{j\neq i}(k_i - k_j)^2\alpha_i + y + \frac{16k_i^2\omega^{5/2}s}{(1+4k_i^2\omega)^2} - \frac{2\omega^{3/2}s}{1+4k_i^2\omega}$$

于是可以得到

$$W_1 = W(\Psi_1, \Psi_1^{(1)}, \cdots, \Psi_N, \Psi_N^{(1)})$$

$$\phi_i = W(\Psi_1, \Psi_1^{(1)}, \cdots, \Psi_N, \Psi_N^{(1)}, \Phi_i)$$

而 N-positon 解的表达式及其对应的特征函数的表达式如下所示:

$$Q(y,s) = -2[\log W_1]_{yy}$$

$$r(y,s) = \sqrt{\omega} - 2[\log W_1]_{ys}$$

$$\psi_j(y,s,\lambda_i) = \beta_i \frac{W_2}{W_1}, i = 1, \cdots, N$$

其中, α_i 和 β_i 是任意的常数.

利用常数变易法, 可得到带源形变的 CH 方程的 N-positon 的表达式为

$$\bar{r}(y,s) = \sqrt{\omega} - 2[\log W_1]_{ys}|_{\gamma_i = \bar{\gamma}_i}$$

$$\bar{\psi}_i(y,s) = \frac{2\omega}{k_i(1 + 4k_i^2\omega)} \frac{1}{\prod\limits_{j \neq i}(k_j + k_i)} \sqrt{(-1)\alpha_i'(s)} \frac{W_2}{W_1}\bigg|_{\gamma_i = \bar{\gamma}_i}$$

$$\bar{\gamma}_i = \prod_{j \neq i}(k_i - k_j)^2 \alpha_i(s) + y + \frac{16k_i^2\omega^{5/2}s}{(1 + 4k_i^2\omega)^2} - \frac{2\omega^{3/2}s}{1 + 4k_i^2\omega}$$

其中, $\alpha_i(s)$ 是任意的含 s 的函数.

下面构造带源形变 CH 方程的 negaton 解. 令 $\lambda = k^2 - \dfrac{1}{4\omega} > 0$, $\lambda_i = k_i^2 - \dfrac{1}{4\omega} > 0$, $i = 1, \cdots, N$

$$\Psi_i = \sinh \xi_i, \ i = 2k + 1$$

$$\Psi_i = \cosh \xi_i, \ i = 2k$$

$$\Phi_i = e^{\xi_i}$$

其中

$$\xi = k\left(y + \frac{2\omega^{3/2}s}{4k^2\omega - 1}\right) + \sum_{i=1}^{N}\prod_{j=1}^{N}(k - k_j)^2 \frac{\alpha_i}{k - k_i}, \ \xi_i = \xi|_{k=k_i}$$

则有

$$\Psi_1 = \sinh \xi_1, \quad \Psi_1^{(1)} = \gamma_1 \cosh \xi_1$$

$$\xi_1 = k_1\left(y + \frac{\sqrt{\omega}s}{2\left(k_1^2 - \dfrac{1}{4\omega}\right)}\right)$$

$$\gamma_1 = \alpha_1 + y + \frac{-16k_1^2\omega^{5/2}s}{(4k_1^2\omega - 1)^2} + \frac{2\omega^{3/2}s}{4k_1^2\omega - 1}$$

$$W_1(\Psi_1, \Psi_1^{(1)}) = -k_1\gamma_1 + \frac{1}{2}\sinh 2\xi_1$$

$$W_2(\Psi_1, \Psi_1^{(1)}, \Phi_1) = 2k_1^2 \sinh\xi_1$$

于是得到关联的 CH 方程的 1-negaton 解及其对应的特征函数的表达式

$$Q(y,s) = -2[\log W_1]_{yy}$$

$$r(y,s) = \sqrt{\omega} - 2[\log W_1]_{ys}$$

$$\phi_1(y,s,\lambda_1) = \beta_1 \frac{W_2}{W_1}$$

其中, α 和 β 为任意的常数.

利用常数变易法得到当 $N=1, \lambda_1 = k_1^2 - \frac{1}{4\omega}$ 时带源形变的 CH 方程的 1-negaton 解为

$$\bar{r}(y,s) = \sqrt{\omega} - 2[\log W_1]_{ys}|_{\gamma_1=\bar{\gamma}_1}$$

$$\bar{\psi}_1(y,s) = \frac{2\omega\sqrt{\alpha_1'(s)}}{k_1(4k_1^2\omega - 1)}\frac{W_2}{W_1}\bigg|_{\gamma_1=\bar{\gamma}_1}$$

$$\bar{\gamma}_1 = \alpha_1(s) + y + \frac{-16k_1^2\omega^{5/2}s}{(4k_1^2\omega - 1)^2} + \frac{2\omega^{3/2}s}{4k_1^2\omega - 1}$$

其中, $\alpha(s)$ 是任意的含 s 的函数. Negaton 解是小范围迅速衰减的有奇异性的解.

类似地, 可得到当 $\lambda_i = k_i^2 - \frac{1}{4\omega}, \ i=1,\cdots,N$ 时带源形变的 CH 方程的 N-negaton 解的生成函数

$$\Psi_i^{(1)} = \gamma_i\cosh\xi_i, i=2k+1$$

$$\Psi_i^{(1)} = \gamma_i\sinh\xi_i, \ i=2k$$

其中

$$\gamma_i = \frac{\partial\xi}{\partial k}|_{k=k_i} = \prod_{j\neq i}(k_i-k_j)^2\alpha_i + y + \frac{-16k_i^2\omega^{5/2}s}{(4k_i^2\omega-1)^2} + \frac{2\omega^{3/2}s}{4k_i^2\omega-1}$$

于是得到

$$W_1 = W(\Psi_1, \Psi_1^{(1)}, \cdots, \Psi_N, \Psi_N^{(1)})$$

$$\phi_i = W(\Psi_1, \Psi_1^{(1)}, \cdots, \Psi_N, \Psi_N^{(1)}, \Phi_i)$$

而关联的 CH 方程的 N-negaton 的表达式为

$$Q(y,s) = -2[\log W_1]_{yy}$$

$$r(y,s) = \sqrt{\omega} - 2[\log W_1]_{ys}$$

$$\psi_j(y,s,\lambda_i) = \beta_i \frac{W_2}{W_1}, \ i = 1, \cdots, N$$

其中, α_i 和 β_i 是任意的常数. 利用常数变易法, 可得到带源形变的 CH 方程的 N-negaton 为

$$\bar{r}(y,s) = \sqrt{\omega} - 2[\log W_1]_{ys}|_{\gamma_i = \bar{\gamma}_i}$$

$$\bar{\psi}_i(y,s) = \frac{2\omega}{k_i(4k_i^2\omega - 1)} \frac{1}{\prod\limits_{j \neq i}(k_j + k_i)} \sqrt{\alpha_i'(s)} \frac{W_2}{W_1}\bigg|_{\gamma_i = \bar{\gamma}_i}$$

$$\bar{\gamma}_i = \prod\limits_{j \neq i}(k_i - k_j)^2 \alpha_i(s) + y + \frac{-16k_i^2\omega^{5/2}s}{(4k_i^2\omega - 1)^2} + \frac{2\omega^{3/2}s}{4k_i^2\omega - 1}$$

其中, $\alpha_i(s)$ 是含有 s 的任意的函数. 通过设定不同的初始函数, 还可以得到孤立子、positon、negaton、cuspon 的混合解.

7.3 带源形变的两分量 Camassa-Holm 方程

作为 CH 方程的一种推广, 两分量的 CH (2-CH) 方程[109-111] 得到广泛研究, 其具有谱问题[110]

$$\psi_{xx} = \left(\frac{1}{4} - m\lambda + \rho^2\lambda^2\right)\psi \tag{7.71a}$$

$$\psi_t = -\frac{1}{2}B_x\psi + B\psi_x, \ B = -\frac{1}{2\lambda} - U \tag{7.71b}$$

式 (7.71a) 与式 (7.71b) 的相容性给出 2-CH 方程

$$m_t + Um_x + 2mU_x - \rho\rho_x = 0 \tag{7.72a}$$

$$\rho_t + (\rho U)_x = 0 \tag{7.72b}$$

其中, $m = U - U_{xx} + \dfrac{\kappa}{2}$. 方程 (7.72) 可被改写为

$$\begin{bmatrix} m \\ \rho^2 \end{bmatrix}_t = J \begin{bmatrix} \dfrac{\delta H}{\delta m} \\ \dfrac{\delta H}{\delta \rho^2} \end{bmatrix}$$

其中, $H = \dfrac{1}{2} \displaystyle\int (U^2 + U_x^2 - \rho^2)\mathrm{d}x$, $J = \begin{bmatrix} -\partial m - m\partial & -\partial \rho^2 - \rho^2 \partial \\ -\partial \rho^2 - \rho^2 \partial & 0 \end{bmatrix}$ 是 Hamilton
算子.

对 n 个不同的实 λ_j, 考虑下面的谱问题:

$$\psi_{jxx} = \left(\frac{1}{4} - m\lambda_j + \rho^2 \lambda_j^2 \right)\psi_j, \ j = 1, 2, \cdots, N \tag{7.73}$$

不难发现

$$\frac{\delta \lambda_j}{\delta m} = \lambda_j \psi_j^2, \ \frac{\delta \lambda_j}{\delta \rho^2} = -\lambda_j^2 \psi_j^2$$

因此, 根据文献 [20-22] 和文献 [66] 中提出的构造带自相容源的方程的方法知, 带
自相容源的 2-CH 方程可由式 (7.73) 与下式给出:

$$\begin{bmatrix} m \\ \rho^2 \end{bmatrix}_t = J\left(\begin{bmatrix} \dfrac{\delta H}{\delta m} \\ \dfrac{\delta H}{\delta \rho^2} \end{bmatrix} - \sum_{j=1}^{N} \begin{bmatrix} \dfrac{\delta \lambda_j}{\delta m} \\ \dfrac{\delta \lambda_j}{\delta \rho^2} \end{bmatrix} \right) \tag{7.74}$$

即

$$m_t = -2mU_x - m_x U + \rho\rho_x + \frac{1}{2}\sum_{j=1}^{N}[(\psi_j^2)_x - (\psi_j^2)_{xxx}] \tag{7.75a}$$

$$\rho_t = -(\rho U)_x + \sum_{j=1}^{N} \lambda_j (\rho \psi_j^2)_x \tag{7.75b}$$

$$\psi_{jxx} = \left(\frac{1}{4} - m\lambda_j + \rho^2 \lambda_j^2 \right)\psi_j, \ j = 1, 2, \cdots, N \tag{7.75c}$$

7.3.1　Lax 对

对照 2-CH 方程, 可假设 2-CHESCS (式 (7.75)) 的 Lax 表示为

$$\psi_{xx} = \left(\frac{1}{4} - m\lambda + \rho^2 \lambda^2 \right)\psi \tag{7.76a}$$

$$\psi_t = -\frac{1}{2}B_x \psi + B\psi_x \tag{7.76b}$$

$$B = -\frac{1}{2\lambda} - U + \sum_{j=1}^{N} \frac{\alpha_j f(\psi_j)}{\lambda - \lambda_j} + \sum_{j=1}^{N} \beta_j f(\psi_j) \tag{7.76c}$$

其中, $f(\psi_j)$ 是 ψ_j 的待定函数. 由式 (7.76a) 和式 (7.76b) 的相容性得

$$-m_t\lambda + (\rho^2)_t\lambda^2 = LB - (2B_x m + Bm_x)\lambda + 2(B_x\rho^2 + B\rho\rho_x)\lambda^2 \tag{7.77}$$

其中, $L = -\dfrac{1}{2}\partial^3 + \dfrac{1}{2}\partial$. 进而由式 (7.76c) 和式 (7.77) 可得

$$
\begin{aligned}
-m_t\lambda + (\rho^2)_t\lambda^2 = & -\frac{1}{2}\sum_{j=1}^{N}\frac{\alpha_j}{\lambda-\lambda_j}\left[f'''\psi_{jx}^3 + 3(f''\psi_j - f')\left(\frac{1}{4} - m\lambda_j + \rho^2\lambda_j^2\right)\psi_{jx}\right.\\
& + 2(-m_x\lambda_j + 2\rho\rho_x\lambda_j^2)\left(\frac{1}{2}f'\psi_j - f\right)\bigg] + \bigg(-2\rho^2 U_x - 2U\rho\rho_x + 2\rho^2\sum_{j=1}^{N}\beta_j\psi_{jx}f'\\
& + 2\rho\rho_x\sum_{j=1}^{N}\beta_j f\bigg)\lambda^2 + \bigg(2mU_x + Um_x - \rho\rho_x - 2m\sum_{j=1}^{N}\beta_j\psi_{jx}f' - m_x\sum_{j=1}^{N}\beta_j f\\
& + 2\rho^2\sum_{j=1}^{N}\alpha_j f'\psi_{jx} + 2\rho\rho_x\sum_{j=1}^{N}\alpha_j f\bigg)\lambda\\
& - \frac{1}{2}\sum_{j=1}^{N}\left[\beta_j\left(\frac{1}{4} - m\lambda_j + \rho^2\lambda_j^2\right)(3f''\psi_j + f')\psi_{jx} + \beta_j f'(-m_x\lambda_j + 2\rho\rho_x\lambda_j^2)\psi_j\right.\\
& + (-\beta_j + 4m\alpha_j - 4\rho^2\alpha_j\lambda_j)f'\psi_{jx} + 4\rho\rho_x(m_x - \lambda_j)\alpha_j f\bigg]
\end{aligned}
$$

其中, f' 表示 f 对 ψ_j 的偏导数. 为了确定 f, α_j 和 β_j, 分别比较 $\dfrac{1}{\lambda-\lambda_j}$, λ^2, λ 和 λ^0 的系数.

首先考虑 $\dfrac{1}{\lambda-\lambda_j}$ 的系数, 其中由 ψ_{jx}^3 的系数得

$$f''' = 0$$

由 ψ_{jx} 的系数得

$$f''\psi_j - f' = 0$$

由余下的项得

$$\frac{1}{2}f'\psi_j - f = 0$$

从以上三式得 $f = \psi_j^2$. 把 $f = \psi_j^2$ 代入 λ^2 的系数得

$$\rho_t = -(\rho U)_x + \sum_{j=1}^{N}\beta_j(\rho\psi_j^2)_x$$

上式与式 (7.75b) 比较可确定出

$$\beta_j = \lambda_j$$

把 $f = \psi_j^2$ 和 $\beta_j = \lambda_j$ 代入 λ 的系数得

$$m_t = -2mU_x - Um_x + \rho\rho_x + \sum_{j=1}^{N}[4(\lambda_j m - \alpha_j \rho^2)\psi_j \psi_{jx} + (\lambda_j m_x - 2\alpha_j \rho\rho_x)]\psi_j^2$$

另一方面, 由式 (7.75a) 和式 (7.75c) 得

$$m_t = -2mU_x - Um_x + \rho\rho_x + \sum_{j=1}^{N}[4(\lambda_j m - \lambda_j^2 \rho^2)\psi_j \psi_{jx} + (\lambda_j m_x - 2\lambda_j^2 \rho\rho_x)]\psi_j^2$$

比较以上两式可确定出

$$\alpha_j = \lambda_j^2$$

把 $f = \psi_j^2$, $\alpha_j = \lambda_j^2$ 及 $\beta_j = \lambda_j$ 代入 λ^0 的系数可见恰好为 0.

这样, 就得到了 2-CHESCS (式 (7.75)) 的 Lax 对

$$\psi_{xx} = \left(\frac{1}{4} - m\lambda + \rho^2 \lambda^2\right)\psi \tag{7.78a}$$

$$\psi_t = \frac{U_x}{2}\psi - \left(\frac{1}{2\lambda} + U\right)\psi_x + \sum_{j=1}^{N}\frac{\lambda\lambda_j\psi_j}{\lambda - \lambda_j}(\psi_j\psi_x - \psi_{jx}\psi) \tag{7.78b}$$

7.3.2　守恒律

首先假设当 $|x| \to \infty$ 时, m, U, ρ, ψ_j 及其导数趋于 0. 令

$$\Gamma = \frac{\psi_x}{\psi}$$

恒等式

$$\frac{\partial}{\partial t}\left(\frac{\partial \ln\psi}{\partial x}\right) = \frac{\partial}{\partial x}\left(\frac{\partial \ln\psi}{\partial t}\right)$$

表明 2-CHESCS 有下面的守恒律

$$\frac{\partial}{\partial t}(\Gamma) = \frac{\partial}{\partial x}\left(\frac{\psi_t}{\psi}\right) = \frac{\partial}{\partial x}\left[\frac{1}{2}U_x - \sum_{j=1}^{N}\frac{\lambda\lambda_j}{\lambda - \lambda_j}\psi_j\psi_x\right.$$

$$+ \left(-\frac{1}{2\lambda} - U + \sum_{j=1}^{N} \frac{\lambda\lambda_j}{\lambda - \lambda_j} \psi_j^2 \right) \Gamma \Big] \tag{7.79}$$

由式 (7.78a) 可得

$$\Gamma_x = \frac{1}{4} - m\lambda + \rho^2 \lambda^2 - \Gamma^2 \tag{7.80}$$

令

$$\Gamma = \sum_{k=0}^{\infty} \mu_k \lambda^{1-k}$$

$$\frac{1}{2} U_x - \sum_{j=1}^{N} \frac{\lambda\lambda_j}{\lambda - \lambda_j} \psi_j \psi_x + \left(-\frac{1}{2\lambda} - U + \sum_{j=1}^{N} \frac{\lambda\lambda_j}{\lambda - \lambda_j} \psi_j^2 \right) \Gamma = \sum_{k=0}^{\infty} \nu_k \lambda^{1-k}$$

由式 (7.79) 和式 (7.80) 可见守恒密度 μ_k 及守恒律的连带流 ν_k 满足下面的递推关系:

$$\mu_0 = \rho, \ \mu_1 = -\frac{\rho_x + m}{2\rho}$$

$$\mu_2 = -\left(\frac{m}{4\rho^2} \right)_x - \left(\frac{\rho_x}{4\rho^2} \right)_x + \frac{m^2 - \rho_x^2 - \rho^2}{8\rho^3}$$

$$\mu_k = -\frac{\mu_{k-1,x} + \sum_{i=1}^{k-1} \mu_i \mu_{k-1-i}}{2\mu_0}, \ k \geqslant 3$$

$$\nu_0 = \left(-U + \sum_{j=1}^{N} \lambda_j \psi_j^2 \right) \rho$$

$$\nu_1 = \frac{1}{2} U_x - \sum_{j=1}^{N} \lambda_j \psi_j \psi_x + \left(-\frac{1}{2} + \sum_{j=1}^{N} \lambda_j^2 \psi_j^2 \right) \rho$$

$$+ \left(U - \sum_{j=1}^{N} \lambda_j \psi_j^2 \right) \frac{\rho_x + m}{2\rho}$$

$$\nu_2 = -\sum_{j=1}^{N} \lambda_j^2 \psi_j \psi_{jx} + \rho \sum_{j=1}^{N} \lambda_j^3 \psi_j^2 - \frac{1}{4} \left(2 \sum_{j=1}^{N} \lambda_j^2 \psi_j^2 - 1 \right) \frac{\rho_x + m}{\rho}$$

$$+ \frac{1}{4} \left(\sum_{j=1}^{N} \lambda_j \psi_j^2 - U \right) \left[-\left(\frac{m + \rho_x}{\rho^2} \right)_x + \frac{m^2 - \rho_x^2 - \rho^2}{2\rho^3} \right]$$

$$\nu_k = -\frac{1}{2} \mu_{k-1} + \left(-U + \sum_{j=1}^{N} \lambda_j \psi_j^2 \right) \mu_k + \sum_{i=0}^{k-1} \sum_{j=1}^{N} (\lambda_j^{2+i} \psi_j^2) \mu_{k-1-i}$$

$$-\sum_{j=1}^{N}\lambda_j^k\psi_j\psi_{jx},\ k\geqslant 3$$

直接计算可得 2-CHESCS (式 (7.75)) 的守恒量

$$H_{-1}=\int\rho\mathrm{d}x,\ H_{-2}=-\frac{1}{2}\int\frac{m}{\rho}\mathrm{d}x$$

$$H_{-3}=\frac{1}{8}\int\left(\frac{m^2-\rho_x^2}{\rho^3}-\frac{1}{\rho}\right)\mathrm{d}x,\quad\cdots\cdots$$

7.3.3 倒数变换

记 $\phi=\sqrt{\rho}\psi$, 利用倒数变换

$$\mathrm{d}y=\rho\mathrm{d}x-\rho U\mathrm{d}s,\ \mathrm{d}s=\mathrm{d}t$$

2-CH 方程 (式 (7.72)) 转换为下面的系统[110]:

$$v_s=-\rho_y \tag{7.81a}$$

$$2u_s=-2v\rho_y+\rho v_y \tag{7.81b}$$

$$\rho_{yyy}-4\rho_y u-2\rho u_y=0 \tag{7.81c}$$

其 Lax 对改写为

$$\phi_{yy}=(\lambda^2+\lambda v+u)\phi \tag{7.82a}$$

$$\phi_s=-\frac{\rho}{2\lambda}\phi_y+\frac{\rho_y}{4\lambda}\phi \tag{7.82b}$$

其中

$$v=-\frac{m}{\rho^2},\quad u=\frac{1}{4\rho^2}+\frac{\rho_{yy}}{2\rho}-\frac{\rho_y^2}{4\rho^2} \tag{7.83}$$

下面考虑 2-CHESCS (式 (7.75)) 的倒数变换. 式 (7.75b) 表明 1-形式

$$\omega=\rho\mathrm{d}x+\left(-\rho U+\sum_{j=1}^{N}\lambda_j\rho\psi_j^2\right)\mathrm{d}t$$

是封闭的. 因此, 可以定义 $(x,t)\to(y,s)$ 的倒数变换

$$\mathrm{d}y=\rho\mathrm{d}x+\left(-\rho U+\sum_{j=1}^{N}\lambda_j\rho\psi_j^2\right)\mathrm{d}s,\ \mathrm{d}s=\mathrm{d}t$$

由上式可知

$$\frac{\partial}{\partial x} = \rho \frac{\partial}{\partial y}, \quad \frac{\partial}{\partial t} = \frac{\partial}{\partial s} + \left(-\rho U + \sum_{j=1}^{N} \lambda_j \rho \psi_j^2 \right) \frac{\partial}{\partial y} \tag{7.84}$$

记 $\varphi = \sqrt{\rho}\psi$, $\varphi_j = \sqrt{\rho}\psi_j$ 并利用式 (7.83), 2-CHESCS (式 (7.75)) 转化为如下新形式:

$$v_s = -\rho_y + 2\sum_{j=1}^{N} \lambda_j^2 (\varphi_j^2)_y \tag{7.85a}$$

$$2u_s = -2v\rho_y + \rho v_y + 4\sum_{j=1}^{N} \lambda_j^3 (\varphi_j^2)_y + 4\sum_{j=1}^{N} \lambda_j^2 v(\varphi_j^2)_y + 2\sum_{j=1}^{N} \lambda_j^2 v_x \varphi_j^2 \tag{7.85b}$$

$$\rho_{yyy} - 4\rho_y u - 2\rho u_y = 0 \tag{7.85c}$$

$$\varphi_{jyy} = (\lambda_j^2 + \lambda_j v + u)\varphi_j, \quad j = 1, 2, \cdots, N \tag{7.85d}$$

相应的, 其 Lax 对转化为

$$\varphi_{yy} = (\lambda^2 + \lambda v + u)\varphi \tag{7.86a}$$

$$\varphi_s = -\frac{\rho}{2\lambda}\varphi_y + \frac{\rho_y}{4\lambda}\varphi + \sum_{j=1}^{N} \frac{\lambda_j^2 \varphi_j}{\lambda - \lambda_j}(\varphi_j \varphi_y - \varphi_{jy}\varphi) \tag{7.86b}$$

方程 (7.85) 可看作是方程 (7.81) 带有自相容源. 为了得到 2-CHESCS (式 (7.75)) 的多孤子解, 必须要得到变量 (y, s) 和 (x, t) 之间的关系. 由倒数变换可得

$$\frac{\partial x}{\partial y} = \frac{1}{\rho}, \quad \frac{\partial x}{\partial s} = U - \sum_{j=1}^{N} \lambda_j \psi_j^2$$

由上面两个方程的相容性可得

$$x(y, s) = \int \frac{1}{\rho}\mathrm{d}y$$

2-CHESCS (式 (7.75)) 关于变量 (y, s) 的解为

$$\rho = \rho(y, s), \quad \psi_j(y, s) = \frac{\varphi_j}{\sqrt{\rho}} \tag{7.87a}$$

$$U(y, s) = -\rho^2 v - \rho_{ys} + \frac{\rho_y \rho_s}{\rho} + \rho\rho_y \sum_{j=1}^{N} \lambda_j (\psi_j^2)_y + \rho^2 \sum_{j=1}^{N} \lambda_j (\psi_j^2)_{yy} - \frac{\kappa}{2} \tag{7.87b}$$

$$x(y, s) = \int \frac{1}{\rho} \mathrm{d}y \tag{7.87c}$$

下面推导式 (7.87b). 由 $m = U - U_{xx} + \dfrac{\kappa}{2}$ 和倒数变换 (7.84) 可得

$$U = m + \rho\rho_y U_y + \rho^2 U_{yy} - \frac{\kappa}{2} \tag{7.88}$$

利用倒数变换 (7.84), 式 (7.75b) 给出

$$U_y = -\frac{\rho_s}{\rho^2} + \sum_{j=1}^{N} \lambda_j (\psi_j^2)_y \tag{7.89}$$

把式 (7.89) 和式 (7.83) 中的第一个方程代入式 (7.88) 即可得到式 (7.87b).

7.3.4　多孤子解

如果 (u_0, v_0, ρ_0, ϕ) 是系统 (7.81) 和 (7.82) 已知的解, h_0 满足

$$h_{yy} = (\lambda_1^2 + \lambda_1 v_0 + u_0)h \tag{7.90a}$$

$$h_s = -\frac{\rho_0}{2\lambda_1} h_y + \frac{\rho_{0y}}{4\lambda_1} h \tag{7.90b}$$

且令

$$c_0 = \frac{1}{\sqrt{2h_{0y}/h_0 - 2\lambda_1 - v_0}}$$

则式 (7.81) 和式 (7.82) 有如下达布变换[111]:

$$\phi_1 = c_0 \left[\phi_y + \left(\lambda_1 - \lambda - \frac{h_{0y}}{h_0} \right) \phi \right] \tag{7.91a}$$

$$u_1 = u_0 + 2\left(\frac{h_{0y}}{h_0} \right)^2 - \frac{2h_{0yy}}{h_0} + \frac{2\left(\lambda_1 - \dfrac{h_{0y}}{h_0} \right) c_{0y} + c_{0yy}}{c_0} \tag{7.91b}$$

$$v_1 = v_0 - \frac{2c_{0y}}{c_0} \tag{7.91c}$$

$$\rho_1 = \rho_0 + \frac{2c_{0s}}{c_0} \tag{7.91d}$$

即 $(u_1, v_1, \rho_1, \phi_1)$ 也满足式 (7.81) 和式 (7.82).

取 v_0, ρ_0 是常数且 $u_0 = \dfrac{1}{4\rho_0^2}$, 由式 (7.90) 得到

$$h_0 = \cosh\xi_1, \quad \phi = \sinh\xi \tag{7.92}$$

在本章中, 记

$$\xi = k(2\lambda y - \rho_0 s + \alpha_1), \quad k = \frac{\sqrt{4\rho_0^2\lambda^2 + 4v_0\rho_0^2\lambda + 1}}{4\rho_0\lambda}$$

$$\xi_i = k_i(2\lambda_i y - \rho_0 s + \alpha_i), \quad k_i = \frac{\sqrt{4\rho_0^2\lambda_i^2 + 4v_0\rho_0^2\lambda_i + 1}}{4\rho_0\lambda_i} \tag{7.93}$$

其中, α_i 是任意的常数. 这样, 由式 (7.91) 可得到式 (7.81) 的单孤子解及式 (7.82) 中相应的特征函数

$$v_1(y,s) = v_1(\xi_1) = v_0 - \frac{8k_1^2\lambda_1^2\mathrm{sech}^2\xi_1}{v_0 + 2\lambda_1 - 4k_1\lambda_1\tanh\xi_1} \tag{7.94a}$$

$$\rho_1(y,s) = \rho_1(\xi_1) = \rho_0 - \frac{4k_1^2\lambda_1\rho_0\mathrm{sech}^2\xi_1}{v_0 + 2\lambda_1 - 4k_1\lambda_1\tanh\xi_1} \tag{7.94b}$$

$$u_1(y,s) = u_1(\xi_1) = \frac{1 - \rho_{1y}^2}{4\rho_1^2} + \frac{\rho_{1yy}}{2\rho_1} \tag{7.94c}$$

$$\phi_1(y,s,\lambda) = \phi_1(\xi_1,\lambda) = \frac{2k\lambda\cosh\xi + (\lambda_1 - \lambda - 2k_1\lambda_1\tanh\xi_1)\sinh\xi}{\sqrt{-v_0 - 2\lambda_1 + 4k_1\lambda_1\tanh\xi_1}} \tag{7.94d}$$

由于式 (7.85) 可看作是方程 (7.81) 带有非齐次项, 且当 $\lambda = \lambda_1$ 时, ϕ_1 满足式 (7.82a), 可以利用常数变易法求解 2-CHESCS (式 (7.85)). 取式 (7.93) 中的 α_1 为时间 s 的函数 $\alpha_1(s)$, 并且使

$$\bar{v}_1 = v_1(\bar{\xi}_1) = v_0 - \frac{8k_1^2\lambda_1^2\mathrm{sech}^2\bar{\xi}_1}{v_0 + 2\lambda_1 - 4k_1\lambda_1\tanh\bar{\xi}_1}$$

$$\bar{\rho}_1 = \rho_1(\bar{\xi}_1) = \rho_0 - \frac{4k_1^2\lambda_1\rho_0\mathrm{sech}^2\bar{\xi}_1}{v_0 + 2\lambda_1 - 4k_1\lambda_1\tanh\bar{\xi}_1}$$

$$\bar{u}_1 = u_1(\bar{\xi}_1) = \frac{1 - \rho_{1y}^2}{4\rho_1^2} + \frac{\rho_{1yy}}{2\rho_1}$$

$$\varphi_1 = \beta(s)\phi_1(\bar{\xi}_1,\lambda_1)$$

满足系统 (7.85) ($N = 1$ 时). 此处及下面, 记

$$\bar{\xi}_i = k_i(2\lambda_i y - \rho_0 s + \alpha_i(s)), \quad k_i = \frac{\sqrt{4\rho_0^2\lambda_i^2 + 4v_0\rho_0^2\lambda_i + 1}}{4\rho_0\lambda_i}$$

不难发现 $\alpha_1(s)$ 可以是 s 的任意函数, 且

$$\beta_1(s) = \sqrt{\frac{\alpha_1'(s)}{2\lambda_1^3}}$$

因此, 由式 (7.87) 可得到 $N = 1$ 时 2-CHESCS (式 (7.75)) 关于变量 (y, s) 的单孤子解

$$\rho_1(y, s) = \rho_0 - \frac{4k_1^2\lambda_1\rho_0\mathrm{sech}^2\bar{\xi}_1}{v_0 + 2\lambda_1 - 4k_1\lambda_1\tanh\bar{\xi}_1}$$

$$U_1(y, s) = -\frac{\rho_0^2[v_0^2\cosh^2\bar{\xi}_1 + 2v_0\lambda_1(\cosh^2\bar{\xi}_1 - k_1\sinh 2\bar{\xi}_1 - 6k_1^2) + 8k_1^2\lambda_1^2(4k_1^2 - 1)]}{v_0\cosh^2\bar{\xi}_1 + \lambda_1(1 + \cosh 2\bar{\xi}_1 - 2k_1\sinh 2\bar{\xi}_1 - 4k_1^2)}$$

$$\psi_1(y, s) = \frac{\sqrt{2\alpha_1'(s)}k_1\lambda_1\mathrm{sech}\bar{\xi}_1}{\sqrt{-\lambda_1^3\rho_0[v_0 + \lambda_1(2 - 4k_1^2\mathrm{sech}^2\bar{\xi}_1 - 4k_1\tanh\bar{\xi}_1)]}}$$

$$x(y, s) = \frac{1}{\rho_0}\left[y + \frac{\arctan\left(\frac{\sqrt{\lambda_1}(2k_1\tan\bar{\xi}_1 - 1)}{\sqrt{v_0 + \lambda_1(1 - 4k_1^2)}}\right)}{\sqrt{\lambda_1}\sqrt{v_0 + \lambda_1(1 - 4k_1^2)}} + \frac{\alpha_1(s) - \rho_0 s}{2\lambda_1}\right]$$

图 7.12 给出单孤子解 ρ_1, U_1 及 ψ_1 的图形.

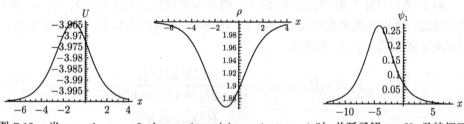

图 7.12　当 $v_0 = 1$, $w_0 = 2$, $\lambda_1 = -1$, $\alpha_1(s) = -4s, t = -1$ 时, 单孤子解 ρ_1, U_1 及特征函数 ψ_1 的图形

重复利用式 (7.91) 及 $u_{n-1}(\xi_1, \cdots, \xi_{n-1})$, $v_{n-1}(\xi_1, \cdots, \xi_{n-1})$, $\rho_{n-1}(\xi_1, \cdots, \xi_{n-1})$, $\phi_{n-1}(\xi_1, \cdots, \xi_{n-1}, \lambda)$, 得到式 (7.81) 和式 (7.82) 的 n 次达布变换

$$h_{n-1}(\xi_1, \cdots, \xi_n) = \phi_{n-1}(\xi_1, \cdots, \xi_{n-1}, \lambda_n) \tag{7.95a}$$

$$c_{n-1}(\xi_1, \cdots, \xi_n) = \frac{1}{\sqrt{2h_{n-1,y}/h_{n-1} - 2\lambda_n - v_{n-1}}} \tag{7.95b}$$

$$\phi_n(\xi_1, \cdots, \xi_n, \lambda) = c_{n-1}\left[\phi_{n-1,y} + \left(\lambda_n - \lambda - \frac{h_{n-1,y}}{h_{n-1}}\right)\phi_{n-1}\right] \quad (7.95\text{c})$$

$$u_n(\xi_1, \cdots, \xi_n) = u_{n-1} + 2\left(\frac{h_{n-1,y}}{h_{n-1}}\right)^2 - \frac{2h_{n-1,yy}}{h_{n-1}} \quad (7.95\text{d})$$

$$+ \frac{2\left(\lambda_n - \frac{h_{n-1,y}}{h_{n-1}}\right)c_{n-1,y} + c_{n-1,yy}}{c_{n-1}} \quad (7.95\text{e})$$

$$v_n(\xi_1, \cdots, \xi_n) = v_{n-1} - \frac{2c_{n-1,y}}{c_{n-1}} \quad (7.95\text{f})$$

$$\rho_n(\xi_1, \cdots, \xi_n) = \rho_{n-1} + \frac{2c_{n-1,s}}{c_{n-1}} \quad (7.95\text{g})$$

例如, 当 $n = 2$ 时, 取

$$h_1(\xi_1, \xi_2) = \phi_1(\xi_1, \lambda_2)$$

$$= \frac{2k_2\lambda_2\cosh\xi_2 + (\lambda_1 - \lambda_2 - 2k_1\lambda_1\tanh\xi_1)\sinh\xi_2}{\sqrt{-v_0 + \lambda_1(-2 + 4k_1\tanh\xi_1)}} \quad (7.96)$$

利用式 (7.94), 由式 (7.95) 可得式 (7.81) 和式 (7.82) 的二孤子解

$$u_2(y, s) = u_2(\xi_1, \xi_2), v_2(y, s) = v_2(\xi_1, \xi_2)$$

$$\rho_2(y, s) = \rho_2(\xi_1, \xi_2), \phi_2(y, s, \lambda) = \phi_2(\xi_1, \xi_2, \lambda)$$

同理, 用 $\bar{\xi}_1$ 和 $\bar{\xi}_2$ 代替 ξ_1 和 ξ_2, 由常数变易法可得到方程 (7.85) 当 $n = 2$ 时的二孤子解, 即

$$\bar{u}_2 = u_2(\bar{\xi}_1, \bar{\xi}_2), \quad \bar{v}_2 = v_2(\bar{\xi}_1, \bar{\xi}_2), \quad \bar{\rho}_2 = \rho_2(\bar{\xi}_1, \bar{\xi}_2) \quad (7.97)$$

$$\varphi_i = \sqrt{\frac{\alpha_i'(s)}{2\lambda_i^3}}\phi_2(\bar{\xi}_1, \bar{\xi}_2, \lambda_i), i = 1, 2$$

注意到解 (7.97) 中含有 s 的任意函数 $\alpha_j(s)$, 这表明孤子方程中源的加入可引起孤子速度和传播轨迹的变化. 因此, 2-CHESCS 的动力性质比 2-CH 方程解的性质更丰富. 图 7.13 显示了当参数取 $\alpha_1(s) = -16s$, $\alpha_2(s) = -4s$ 和 $\alpha_2(s) = -e^{\frac{s}{3}}\cos s$ 时二孤子解 $\bar{v}_2$, $-\bar{\rho}_2$ 和 $-\varphi_2$ 弹性碰撞及当取不同的 $\alpha_j(s)$ 时, 源对解的影响. 其中 $v_0 = -2$, $w_0 = 1$, $\lambda_1 = -1$, $\lambda_2 = -1.5$.

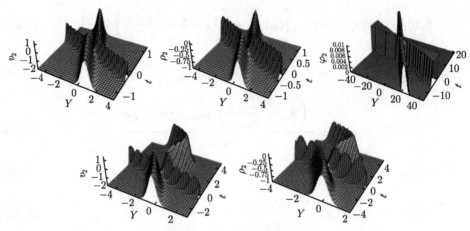

图 7.13　二孤子的相互作用

利用达布变换 (7.95) 和常数变易法, 可得到方程 (7.85) 的多孤子解, 进而由式 (7.87) 得到 2-CHESCS (式 (7.75)) 关于变量 (y, s) 的多孤子解

$$\bar{v}_n(y,s) = v_n(\bar{\xi}_1, \cdots, \bar{\xi}_n)$$

$$\bar{\rho}_n(y,s) = \rho_n(\bar{\xi}_1, \cdots, \bar{\xi}_n)$$

$$U_n(y,s) = \frac{1}{c_{n-1}^3(c_{n-1}\rho_{n-1} + 2c_{n-1,s})}\{20c_{n-1,s}^3 c_{n-1,y}$$
$$- 2c_{n-1}^2(6c_{n-1}v_{n-1}c_{n-1,s}^2 - 6\rho_{n-1}^2 c_{n-1,s}c_{n-1,y} + c_{n-1,s}c_{n-1,y}\rho_{n-1,s}$$
$$- c_{n-1,ss}c_{n-1,y} + c_{n-1,s}^2\rho_{n-1,y} - 2c_{n-1,s}c_{n-1,ys} - 2c_{n-1,ss}c_{n-1,ys})$$
$$- 4c_{n-1}c_{n-1,s}[2v_{n-1}c_{n-1,s}^2 c_{n-1,ss}c_{n-1,y} + c_{n-1,s}((1 - 6\rho_{n-1})c_{n-1,y}$$
$$+ c_{n-1,ys})] - c_{n-1}^4(v_{n-1}\rho_{n-1}^3 - \rho_{n-1,y}\rho_{n-1,s} + \rho_{n-1,ys})$$
$$+ 2c_{n-1}^3(-3v_{n-1}\rho_{n-1}^3 c_{n-1,s} + \rho_{n-1}^3 c_{n-1,y} + c_{n-1,ss}\rho_{n-1,y} + \rho_{n-1,s}c_{n-1,ys}$$
$$- c_{n-1,yss})\} + \rho_{n-1}\rho_{n-1,y}\sum_{j=1}^N \lambda_j(\psi_n^2)_y + \rho_{n-1}^2\sum_{j=1}^N \lambda_j(\psi_n^2)_{yy}$$

$$\psi_j(y,s) = \sqrt{\frac{\alpha_j'(s)}{2\lambda_j^3}}\frac{1}{\bar{\rho}_n}\phi_n(\bar{\xi}_1, \cdots, \bar{\xi}_n, \lambda_j), \ j = 1, 2, \cdots, n$$

$$x(y,s) = \int \frac{\mathrm{d}y}{\bar{\rho}_n}$$

第 8 章 应   用

非线性光纤光孤子通信是一种全新的超高速、大容量、超长距离的通信技术,其信息传输容量比现在最好的光纤通信还要高出 1~2 个数量级, 中继距离可达几百公里, 被认为是 21 世纪最有发展前途的通信方式.

8.1 光孤子通信的原理

孤子是一种特殊的皮秒数量级上的超短光脉冲, 由于它在光纤的反常色散区, 群速度色散和非线性效应相互平衡, 因而经过光纤长距离传输后, 波形和速度都保持不变. 光孤子通信就是利用光孤子作为载体实现长距离无畸变的通信. 1981 年, Hasegawa 和 Kodama 构建了一种利用光纤色散与非线性相互作用平衡的光孤子通信方式, 其基本原理如图 8.1 所示[112].

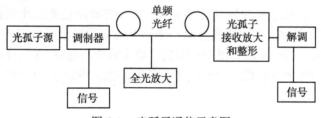

图 8.1   光孤子通信示意图

光孤子源产生光孤子脉冲流, 要传输的信号通过调制器对光孤子流进行调制, 将信号加载于光孤子流上. 然后经功率放大器放大后耦合到光纤中传输. 途中会有若干线路放大器以补偿光孤子的能量衰减, 并平衡色散效应与非线性效应, 以保证光孤子的振幅和形状稳定不变. 接收端得到光孤子载波后, 经过放大、整形和解调还原为原始信号.

8.2 光孤子通信的影响因素

光纤通信中, 影响传输距离和传输容量的主要原因是 "损耗"、"色散"、孤子间的相互作用及非线性特性, 具体体现如下.

"损耗"使光信号在传输时能量不断减弱, 随着光纤制造技术的发展, 光纤的损耗已经降低到接近理论极限值的程度.

"色散"则是使光脉冲在传输中逐渐展宽, 目前色散问题成为实现超长距离和超大容量光纤通信的主要问题, 尤其是高阶色散效应不可忽略. 研究表明[113,114]: 一阶色散消失, 但二阶色散仍会引起较大的脉宽加宽, 减小了传输速率; 在零色散波长附近, 三阶色散对群速度色散起主导作用, 它引起色散波, 对孤子相互作用产生较大影响.

孤子之间的相互作用: 随着单信道传输速率的不断提高, 相邻光孤子之间的时间间隔不断减小, 相邻孤子之间的相互作用将影响孤子系统的性能, 使得通信速率下降. 澳大利亚的 Chu、Desem 和瑞典的 Hermansson 等及英国的 Blow 等详细研究了相邻孤子的相位差为不同值时, 非线性相互作用对传输孤立子的影响[115-117]. 研究表明, 当两相邻孤立子的相位差为 180° 时, 相互作用使两脉冲峰基本上不发生变化; 当相位差为 90° 时, 孤立子间的相互作用最小, 因此, 为了提高通信系统的传输速率, 需要对孤立子的相位进行调制.

8.3   可积形变系统解的特性及展望

光纤的非线性在光的强度变化时使频率、传播速度发生变化, 造成脉冲后沿比前沿运动快, 从而使脉冲受到压缩变窄. 如果有办法使光脉冲变宽和变窄这两种效应正好互相抵消, 光脉冲就会像一个一个孤立的粒子那样形成光孤子, 能在光纤传输中保持不变, 从而实现超长距离、超大容量的通信. 在保证可积性的前提下, 可积形变的孤子方程在原来的孤子方程的基础上增加了非线性项, 例如, 带源形变的超短脉冲方程

$$u_{xt} = u + \frac{1}{6}(u^3)_{xx} + \sum_{j=1}^{N} \frac{1}{2\lambda_j^2}(\varphi_{1j}^2 + \varphi_{2j}^2)_{xx}$$

$$\varphi_{1jx} = \lambda_j \varphi_{1j} + \lambda_j u_x \varphi_{2j}, \ \varphi_{2jx} = \lambda_j u_x \varphi_{1j} - \lambda_j \varphi_{2j}, \ j = 1, 2, \cdots, N$$

可看成在超短脉冲方程

$$u_{xt} = u + \frac{1}{6}(u^3)_{xx}$$

中增加了非线性项 $\sum_{j=1}^{N} \frac{1}{2\lambda_j^2}(\varphi_{1j}^2 + \varphi_{2j}^2)_{xx}$.

Kupershmidt 形变的 KdV 方程

$$u_t = \frac{1}{4}(u_{xxx} + 6uu_x) - \sum_{j=1}^{N}(\varphi_j^2)_x$$

$$\varphi_{jxx} + (u - \lambda_j)\varphi_j = \frac{\mu_j}{\varphi_j^3}, \; j = 1, 2, \cdots, N$$

可视为在 KdV 方程

$$u_t = \frac{1}{4}(u_{xxx} + 6uu_x)$$

中增加了非线性项 $\sum_{j=1}^{N}(\varphi_j^2)_x$.

由于这类非线性项的增加, 使得可积形变的孤子方程的解中含有关于时间的任意函数, 通过选取恰当的任意函数可以调整色散关系及多孤子相互作用时的相位差. 由光纤通信实验结果可知, 在适当的色散关系及相位差下, 可提高传输速率与距离. 比如第 7 章中给出了带源形变的超短脉冲方程及带源形变的 sine-Gordon 方程多孤子解的显式表达式, 式中的 $\alpha_j(s)$ 是 s 的任意函数. 在第 7 章中我们详细讨论了函数 $\alpha_j(s)$ 对孤子的传播路径、传播方向及传播速度的影响. 可见由于解及色散关系中函数 $\alpha_j(s)$ 的存在, 可以更容易地调整色散关系, 使其与非线性的影响相互抵消, 也更容易调整多孤子相互作用时产生的相位差. 例如, 超短脉冲方程可描述超短光脉冲在非线性介质中的传输, 而我们构造的带源形变的超短脉冲方程, 其解具有更多的参数, 从而可以更好地对其进行调控, 使其更好地满足光纤通信的要求.

目前采用色散控制孤子、拉曼放大器、动态增益均衡等新技术, 实现了光孤子超大容量和超长距离的传输. 未来光孤子技术将在传输速度方面采用超长距离的高速通信, 时域和频域的超短脉冲控制技术及超短脉冲的产生和应用技术使现行速率提高到 100Gbit/s 以上. 我们以具体的可积形变方程为例, 从理论上说明了这类方程的解具有更丰富的动力学行为, 可以更好地模拟孤子在光纤中的传输, 希望我们的理论能在实验中得以实现, 促进光孤子通信在超长距离、高速、大容量的全光通信方面, 尤其在海底光通信系统中, 有光明的发展前景.

参 考 文 献

[1] Rosochatius E. Uber die Bewegung eines Punktes. Berlin: University of Götingen, 1877.

[2] Wojciechowski S. Integrability of one particle in a perturbed central quartic potential. Physica Scripta, 1985, 31(6): 433-438.

[3] Kubo R, Ogura W, Saito T, et al. The Gauss-Knörrer map for the Rosochatius dynamical system. Physics Letters A, 1999, 251(1): 6-12.

[4] Bartocci C, Falqui G, Pedroni M. A geometric approach to the separability of the Neumann-Rosochatius system. Differential Geometry and Its Applications, 2004, 21(3): 349-360.

[5] Arutyunov G, Russo J, Tseytlin A A. Spinning strings in $AdS_5 \times S^5$: New integrable system relations. Physical Review D, 2004, 69(8): 086009.

[6] Harnad J, Winternitz P. Classical and quantum integrable systems in $\widetilde{gl}(2)^{+*}$ and separation of variables. Communications in Mathematical Physics, 1995, 172(2): 263-285.

[7] Arutyunov G, Frolov S, Russo J, et al. Spinning strings in $AdS_5 \times S^5$ and integrable systems. Nuclear Physics B, 2003, 671(1-3): 3-50.

[8] Kruczenski M, Russo J G, Tseytlin A A. Spiky strings and giant magnons on S^5. Journal of High Energy Physics, 2006, 2006(10): 2.

[9] McLoughlin T, Wu X K. Kinky strings in $AdS_5 \times S^5$. Journal of High Energy Physics, 2006, 2006(8): 63.

[10] Bozhilov P. Neumann and Neumann-Rosochatius integrable systems from membranes on $AdS_4 \times S^7$. Journal of High Energy Physics, 2007, 2007(8): 73.

[11] Christiansen P L, Eilbeck J C, Enolskii V Z, et al. Quasi-periodic and periodic solutions for coupled nonlinear Schrödinger equations of Manakov type. Proceedings of the Royal Society of London. Series A: Mathematical, Physical and Engineering Sciences, 2000, 456(2001): 2263-2281.

[12] Zhou R G. Integrable Rosochatius deformations of the restricted soliton flows. Journal of Mathematical Physics, 2007, 48(10): 103510.

[13] Yao Y Q, Zeng Y B. Integrable Rosochatius deformations of higher-order constrained flows and the soliton hierarchy with self-consistent sources. Journal of Physics A: Mathematical and Theoretical, 2008, 41(29): 295205.

[14] Yao Y Q, Zeng Y B. Rosochatius deformed soliton hierarchy with self-consistent sources. Communications in Theoretical Physics, 2009, 52(2): 193-202.

[15] Karasu-Kalkanli A, Karasu A, Sakovich A, et al. A new integrable generalization of the Korteweg-de Vries equation. Journal of Mathematical Physics, 2008, 49(7): 073516.

[16] Kupershmidt B A. KdV6: An integrable system. Physics Letters A, 2008, 372(15): 2634-2639.

[17] Kersten P H M, Krasilshchik I S, Verebovetsky A M, et al. Integrability of Kupershmidt deformations. Acta Applicandae Mathematicae, 2010, 109(1): 75-86.

[18] Yao Y Q, Zeng Y B. The Bi-Hamiltonian structure and new solutions of KdV6 equation. Letters in Mathematical Physics, 2008, 86(2-3): 193-208.

[19] Yao Y Q, Zeng Y B. The generalized Kupershmidt deformation for constructing new integrable systems from integrable bi-Hamiltonian systems. Journal of Mathematical Physics, 2010, 51(6): 063503.

[20] Mel'nikov V K. On equations for wave interactions. Letters in Mathematical Physics, 1983, 7(2): 129-136.

[21] Mel'nikov V K. A direct method for deriving a multi-soliton solution for the problem of interaction of waves on the x, y plane. Communications in Mathematical Physics, 1987, 112(4): 639-652.

[22] Mel'nikov V K. Creation and annihilation of solitons in the system described by the Korteweg-de Vries equation with a self-consistent source. Inverse Problems, 1990, 6(5): 809-823.

[23] Doktorov E V, Shchesnovich V S. Nonlinear evolutions with singular dispersion laws associated with a quadratic bundle. Physics Letters A, 1995, 207(3-4): 153-158.

[24] Zeng Y B. New factorization of the Kaup-Newell hierarchy. Physica D: Nonlinear Phenomena, 1994, 73(3): 171-188.

[25] Zeng Y B, Li Y S. The Lax representation and Darboux transformation for constrained flows of the AKNS hierarchy. Acta Mathematica Sinica, New Series, 1996, 12(2): 217-224.

[26] Lin R L, Zeng Y B, Ma W X. Solving the KdV hierarchy with self-consistent sources by inverse scattering method. Physica A: Statistical Mechanics and its Applications, 2001, 291(1-4): 287-298.

[27] Liu X J, Zeng Y B. On the Toda lattice equation with self-consistent sources. Journal of Physics A: Mathematical and General, 2005, 38(41): 8951-8965.

[28] 王红艳, 胡星标. 带自相容源的孤子方程. 北京: 清华大学出版社, 2008.

[29] Hu X B, Wang H Y. Construction of dKP and BKP equations with self-consistent sources. Inverse Problems, 2006, 22(5): 1903-1920.

[30] Gegenhasi, Hu X B. Integrability of a differential-difference KP equation with self-consistent sources. Mathematics and Computers in Simulation, 2007, 74(2-3): 145-158.

[31] Zhang D J, Chen D Y. The N-soliton solutions of the sine-Gordon equation with self-consistent sources. Physica A: Statistical Mechanics and Its Applications, 2003, 321(3-4): 467-481.

[32] Deng S F, Chen D Y, Zhang D J. The multisoliton solutions of the KP equation with self-consistent sources. Journal of the Physical Society of Japan, 2003, 72(9): 2184-2192.

[33] Liu X J, Zeng Y B, Lin R L. A new extended KP hierarchy. Physics Letters A, 2008, 372(21): 3819-3823.

[34] Lin R L, Liu X J, Zeng Y B. A new extended q-deformed KP hierarchy. Journal of Nonlinear Mathematical Physics, 2008, 13(5): 333-347.

[35] Lin R L, Peng H, Manas M. The q-deformed mKP hierarchy with self-consistent sources, Wronskian solutions and solitons. Journal of Physics A: Mathematical and Theoretical, 2010, 43(43): 434022.

[36] Yao Y Q, Zeng Y B. A new extended discrete KP hierarchy and generalized dressing method. Journal of Physics A: Mathematical and Theoretical, 2009, 42(45): 454026.

[37] Liu X J, Zeng Y B, Lin R L. An extended two-dimensional Toda lattice hierarchy and two-dimensional Toda lattice with self-consistent sources. Journal of Mathematical Physics, 2008, 49(9): 093506.

[38] Russel J S. Report on waves. London: Report of the 14th Meeting of the British Association for the Advancement of Science, 1844: 311-390.

[39] Korteweg D J, de Vries G. On the change of form of long wave advancing in a rectangular canal, and on a new type of long stationary waves. Philosophical Magazine, 1895, 39(240): 422-443.

[40] Amiri I S, Alavi S E, Idrus S M. Soliton Coding for Secured Optical Communication Link. New York: Springer, 2015: 1-16.

[41] Amiri I S, Afroozeh A. Ring Resonator Systems to Perform Optical Communication Enhancement Using Soliton. Singapore: Springer, 2015: 1-7.

[42] Amiri I S, Naraei P, Ali J. Review and theory of optical soliton generation used to improve the security and high capacity of MRR and NRR passive systems. Journal of Computational and Theoretical Nanoscience, 2014, 11(9): 1875-1886.

[43] 杨祥林, 温扬敬. 光纤孤子通信理论基础. 北京: 国防工业出版社, 2000.

[44] Hasegawa A, Tappert F. Transmission of stationary nonlinear optical pulses in dispersive dielectric fibers. I. Anomalous dispersion. Applied Physics Letters, 1973, 23(3): 142-144.

[45] Hasegawa A, Tappert F. Transmission of stationary nonlinear optical pulses in dispersive dielectric fibers. II. Normal dispersion. Applied Physics Letters, 1973, 23(4): 171-172.

[46] Wise F W. Spatiotemporal solitons in quadratic nonlinear media. Pramana, 2001, 57(5): 1129-1138.

[47] Mollenauer L F, Smith K. Demonstration of soliton transmission over more than 4000 km in fiber with loss periodically compensated by Raman gain. Optics Letters, 1988, 13(8): 675-677.

[48] Gu C H, Hu H S, Zhou Z X. Darboux Transformations in Integrable System: Theory and Their Applications to Geometry. Berlin: Springer, 2005.

[49] 李翊神. 孤子与可积系统. 上海: 上海科技教育出版社, 1999.

[50] Dickey L A. Soliton Equations and Hamiltonian Systems. Singapore: World Scientific, 2003.

[51] Zeng Y B. An approach to the deduction of the finite-dimensional integrability from the infinite-dimensional integrability. Physics Letters A, 1991, 160(6): 541-547.

[52] De León M, Rodrigues P R. North-Holland Mathematics Studies. Amsterdam: Elsevier, 1985, 112: ix-xii.

[53] Zeng Y B, Li Y S. The deduction of the Lax representation for constrained flows from the adjoint representation. Journal of Physics A: Mathematical and General, 1993, 26(5): L273-L278.

[54] Beltagy M. Local and global exposed points. Acta Mathematica Scientia, 1995, 15(3): 335-341.

[55] Blaszak M. Bi-Hamiltonian formulation for the Korteweg-de Vries hierarchy with sources. Journal of Mathematical Physics, 1995, 36(9): 4826-4831.

[56] Zeng Y B. Bi-Hamiltonian structure of JM hierarchy with self-consistent sources. Physica A: Statistical Mechanics and Its Applications, 1999, 262(3-4): 405-419.

[57] Ablowitz M J, Segur H. Solitons and the Inverse Scattering Transformation. Philadelphia: SIAM, 1981.

[58] Cao C W. Nonlinearization of the Lax system for AKNS hierarchy. Science in China Series A-Mathematics, Physics, Astronomy and Technological Science, 1990, 33(5): 528-536.

[59] Arnold V I. Mathematical Method of Classical Mechanics. New York: Springer, 1978.

[60] Hénon M, Heiles C. The applicability of the third integral of motion: Some numerical experiments. The Astronomical Journal, 1964, 69(1): 73-79.

[61] Chang Y F, Tabor M, Weiss J. Analytic structure of the Hénon-Heiles Hamiltonian in integrable and nonintegrable regimes. Journal of Mathematical Physics, 1982, 23(4): 531-538.

[62] Antownowicz M, Rauch-Wojciechowski S. Bi-Hamiltonian formulation of the Hénon-Heiles system and its multidimensional extensions. Physics Letters A, 1992, 163(3): 167-172.

[63] Mel'nikov V K. Capture and confinement of solitons in nonlinear integrable systems. Communications in Mathematical Physics, 1989, 120(3): 451-468.

[64] Zhou R G, Ma W X. New classical and quantum integrable systems related to the MKdV integrable hierarchy. Journal of the Physical Society of Japan, 1998, 67(12): 4045-4050.

[65] Fuchssteiner B, Oevel W. New hierarchies of nonlinear completely integrable systems related to a change of variables for evolution parameters. Physica A: Statistical Mechanics and Its Applications, 1987, 145(1-2): 67-95.

[66] Fordy A P. Stationary flows: Hamiltonian structures and canonical transformations. Physica D: Nonlinear Phenomena, 1995, 87(1-4): 23-31.

[67] Matveev V B. Positons: Slowly decreasing analogues of solitons. Theoretical and Mathematical Physics, 2002, 131(1): 483-497.

[68] Kersten P H M, Krasil'shchik I S, Verbovetsky A M, et al. Integrability of Kupershmidt deformations. Acta Applicandae Mathematicae, 2010, 1(109): 75-86.

[69] Fuchssteiner B, Fokas A S. Symplectic structures, their Bäcklund transformations and hereditary symmetries. Physica D: Nonlinear Phenomena, 1981, 4(1): 47-66.

[70] Fordy A P, Gibbons J. Factorization of operators.II. Journal of Mathematical Physics, 1981, 22(6): 1170-1175.

[71] Jaulent M, Miodek I. Nonlinear evolution equations associated with "enegry-dependent Schrödinger potentials". Letters in Mathematical Physics, 1976, 1(3): 243-250.

[72] Fordy A P. Solitons in Physics, Mathematics, and Nonlinear Optics. 25. New York: Springer, 1990: 97-121.

[73] Exton H. Q-hypergeometric Functions and Applications. Chichester: Ellis Horwood Ltd., 1983.

[74] Andrews G E. Q-series: Their Development and Application in Analysis, Number Theory, Combinatorics, Physics, and Computer Algebra. Providence: American Mathematical Society, 1986.

[75] Iliev P. Tau function solutions to a Q-deformation of the KP hierarchy. Letters in Mathematical Physics, 1998, 44(3): 187-200.

[76] Tu M H. Q-deformed KP hierarchy: Its additional symmetries and infinitesimal Bäcklund transformations. Letters in Mathematical Physics, 1999, 49(2): 95-103.

[77] Liu X J, Zeng Y B, Lin R L, A new extended KP hierarchy. Physics Letters A, 2008, 372(21): 3819-3823.

[78] Gürses M, Guseinov G S, Silindir B. Integrable equations on time scales. Journal of Mathematical Physics, 2005, 46(11): 113510.

[79] Blaszak M, Silindir B, Szablikowski B M. R-matrix approach to integrable systems on time scales. Journal of Physics A: Mathematical and Theoretical, 2008, 41(38): 385203.

[80] Mel'nikov V K. On equations for wave interactions. Letters in Mathematical Physics, 1983, 7(2): 129-136.

[81] Mel'nikov V K. A direct method for deriving a multisoliton solution for the problem of interaction of waves on the x, y plane. Communications in Mathematical Physics, 1987, 112(4): 639-652.

[82] Mel'nikov V K. Exact solutions of the Korteweg-de Vries equation with a self-consistent source. Physics Letters A, 1988, 128(9): 488-492.

[83] Lin R L, Zeng Y B, Ma W X. Solving the KdV hierarchy with self-consistent sources by inverse scattering method. Physica A, 2001, 291(1-4): 287-298.

[84] Lin R L, Yao H, Zeng Y B. Restricted flows and the soliton equation with self-consistent sources. Symmetry, Integrability and Geometry: Methods and Applications, 2006, 2: 096.

[85] Konopelchenko B, Sidorenko J, Strampp W. (1+1)-dimensional integrable systems as symmetry constraints of (2+1)-dimensional systems. Physics Letters A, 1991, 157(1): 17-21.

[86] Cheng Y. Constraints of the Kadomtsev-Petviashvili hierarchy. Journal of Mathematical Physics, 1992, 33(11): 3774-3782.

[87] He J, Li Y, Cheng Y. Q-Deformed KP hierarchy and q-deformed constrained KP hierarchy. Symmetry, Integrability and Geometry: Methods and Applications, 2006, 2: 060.

[88] Oevel W, Strampp W. Wronskian solutions of the constrained Kadomtsev-Petviashvili hierarchy. Journal of Mathematical Physics, 1996, 37(12): 6213-6219.

[89] Liu X, Lin R, Zeng Y. A generalized dressing approach for solving the extended KP and the extended mKP Hierarchy. Journal of Mathematical Physics, 2009, 50(5): 053506.

[90] Date E, Jimbo M, Miwa T. Method for generating discrete soliton equation. II. Journal of the Physical Society of Japan, 1982, 51(12): 4125-4131.

[91] Date E, Jimbo M, Kashiwara M, et al. Operator approach to the Kadomtsev-Petviashvili equation-transformation groups for soliton equations III. Journal of the Physical Society of Japan, 1981, 50(11): 3806-3812.

[92] Oevel W. Darboux transformation for integrable lattice systems // Alfinito E, Martina L, Pempinelli F. Nonlinear Physics: Theory and Experiment. Singapore: World Scientific, 1996: 233-240.

[93] Vel S K, Tamizhmani K M. Lax pairs, symmetries and conservation laws of a differential-difference equation-Sato's approach. Chaos, Solitons & Fractals, 1997, 8(6): 917-931.

[94] Liu S, Cheng Y, He J. The determinant representation of the gauge transformation for discrete KP hierarchy. Science China Mathematics, 2010, 53(5):1195-1206.

[95] Veselov A P, Shabat A B. Dressing chains and the spectral theory of the Schrödinger operator. Functional Analysis and Its Applications, 1993, 27(2): 81-96.

[96] Schäfer T, Wayne C E. Propagation of ultra-short optical pulses in cubic nonlinear media. Physica D: Nonlinear Phenomena, 2004, 196(1-2): 90-105.

[97] Sakovich A, Sakovich S. The short pulse equation is integrable. Journal of the Physical Society of Japan, 2005, 74(1): 239-241.

[98] Zeng Y B, Li Y S. The deduction of the Lax representation for constrained flows from the adjoint representation. Journal of Physics A: Mathematical and General, 1993, 26(5): L273-L278.

[99] Zeng Y B, Ma W X, Lin R L. Integration of the soliton hierarchy with self-consistent sources. Journal of Mathematical Physics, 2000, 41(8): 5453-5489.

[100] Zeng Y B, Shao Y J, Xue W M. Negaton and positon solutions of the soliton equation with self-consistent sources. Journal of Physics A: Mathematical and General, 2003, 36(18): 5035-5043.

[101] Matsuno Y. Multiloop soliton and multibreather solutions of the short pulse model equation. Journal of the Physical Society of Japan, 2007, 76(8): 084003.

[102] Hirota R. Exact solution of the sine-Gordon equation for multiple collisions of solitons. Journal of the Physical Society of Japan, 1972, 33(5): 1459-1463.

[103] Freeman N C, Nimmo J J C. Soliton solutions of the Korteweg-de Vries and Kadomtsev-Petviashvili equations: The wronskian technique. Physics Letters A, 1983, 95(1): 1-3.

[104] Beutler R. Positon solutions of the sine-Gordon equation. Journal of Mathematical Physics, 1993, 34(7): 3098-3109.

[105] Camassa R, Holm D D. An integrable shallow water equation with peaked solitons. Physical Review Letters, 1993, 71(11): 1661-1664.

[106] Fuchssteiner B, Fokas A S. Symplectic structures, their Bäcklund transformations and hereditary symmetries. Physica D, 1981, 4(1): 47-66.

[107] Lenells J. Conservation laws of the Camassa-Holm equation. Journal of Physics A: Mathematical and General, 2005, 38(4): 869-880.

[108] Li Y, Zhang J E. The multiple-soliton solution of the Camassa-Holm equation. Proceedings of the Royal Society A: Mathematical, Physical and Engineering Sciences, 2004, 460(2049): 2617-2627.

[109] Liu S Q, Zhang Y. Deformations of semisimple bihamiltonian structures of hydrodynamic type. Journal of Geometry and Physics, 2005, 54(4): 427-453.

[110] Chen M, Liu S Q, Zhang Y. A two-component generalization of the Camassa-Holm equation and its solutions. Letters in Mathematical Physics, 2006, 75(1): 1-15.

[111] Lin J, Ren B, Li H M, et al. Soliton solutions for two nonlinear partial differential equations using a Darboux transformation of the Lax pairs. Physical Review E, 2008, 77(3): 036605.

[112] 李世铮, 余中秋. 全光式光孤子通信及发展前景. 邮电设计技术, 1998, 4: 1-7.

[113] 王润轩. 非线性光孤子通信技术研究. 激光与光电子学进展, 2003, 6: 21-24.

[114] Blow K J, Doran N J, Cummins E. Nonlinear limits on bandwidth at the minimum dispersion in optical fibers. Optics Communications, 1983, 48(3): 181-184.

[115] Chu P L, Desem C. Optical fiber communication using solitons. Technical Digest, IOOC'83, 1983, 52-53.

[116] Blow K J, Doran N J. Bandwidth limits of nonlinear (soliton) optical communication systems. Electronics Letters, 1983, 19(11): 429-430.

[117] Hermansson B, Yevick D. Numerical investigation of soliton interaction. Electronics Letters, 1983, 19(15): 570-571.